爆速 ULTRA FAST
PC LIFEHACKS

パソコン仕事術

［完全版］岡田充弘
MITSUHIRO OKADA

ソシム

●本書をお読みいただくにあたって

・本書に記載されている情報は 2019 年 6 月時点のものであり、URL 等の各種情報や内容は、ご利用時には変更されている可能性があります。

・本書の解説で使用したソフトウェアのバージョンは次の通りです。お使いのソフトウェアのバージョンとの相違などにより、本書で解説した通りの結果を得られない場合がございます。

Microsoft Windows 10
Microsoft Office 2016 （Word/Excel/PowerPoint）
Adobe Acrobat 9 Standard
Google Chrome バージョン：75.0.3770.100
Open-Shell-Menu 4.4.131

・本書の解説で使用している Open-Shell-Menu 4.4.131は、有志によって開発されている無料かつ無保証のオープンソースソフトウェアです。開発者の都合や、何らかの理由により突然開発が中止されたり、ソフトウェアの配信が停止されたりする可能性があります。

・本書の内容は参照としてのみ使用されるべきものであり、予告なしに変更されることがあります。また、ソシム株式会社がその内容を保証するものではありません。本書の内容に誤りや不正確な記述がある場合も、ソシム株式会社は一切の責任を負いません。

・本書の内容によっていかなる障害、損害が生じても、理由の如何に関わらず、ソシム株式会社、著者のいずれも責任を負いかねます。予めご了承ください。

・本書の一部または全部について、ソシム株式会社との書面による事前の許諾なくに、電気、機械、複写、録音、その他のいかなる形式や手段によっても、複製、および検索システムへの保存や転送は禁止されています。

●商標等について

・Apple、Apple のロゴ、iPhone は、米国および他の国々で登録された Apple Inc. の商標です。iPhone の商標は、アイホン株式会社のライセンスにもとづき使用されています。™ and © 2018 Apple Inc. All rights reserved.

・「Google」「YouTube」「Gmail」「Google Chrome」は、Google LLC の商標または登録商標です。

・「Twitter」は、Twitter,Inc. の商標または登録商標です。

・「Wi-Fi」は Wi-Fi Alliance の登録商標です。

・「Microsoft ®」「Microsoft ® Office Excel ®」「Microsoft ® Office PowerPoint ®」「Windows ®」「Microsoft® Windows ®」「Windows Vista ®」「Windows ® 7」「Windows ® 8」「Office 365」は、Microsoft Corporation の商標または登録商標です。

・「Adobe ®」「Adobe ® Reader ®」「Adobe ® Acrobat ®」は、Adobe Systems, Inc. の米国およびその他の国における商標または登録商標です。

・そのほか、本書に記載されている社名、商品名、製品名、ブランド名、サービス名、システム名などは、一般に各社の商標または登録商標です。

・本文中では ™、©、® を表示していません。

はじめに

パソコンを極めれば、
仕事も人生も
なぜか好循環に

　こんにちは、岡田充弘です。

　本書を手に取っていただき、ありがとうございます。

　私はいま、複数の会社を経営しながら、社外の企業顧問や執筆・講演、趣味のトライアスロンなど、公私合わせて100を超えるプロジェクトを同時並行で走らせています。

　好きなことや好きな人に何も考えず飛び込んでいったら、こんな感じになってました。自分でもプライベートと仕事の境目がよく分からなくなってきています。遊びから仕事が生まれることもあるし、仕事がきっかけでプライベートでも遊べる友人ができることもあります。

　今の時代に境目はあまり意味がないのかもしれません。

　ときどき人から

　なぜ、同時にそんなにたくさんのことをできるのですか?

と聞かれることがあるのですが、そのたびに答えに窮します。

　なぜなら、私に何か特別な能力や才能が備わっているわけではないからです。

003

ただ1つ心当たりがあるとすれば、ありふれた道具を、人より少しだけ工夫して使っているからかもしれません。

　そのありふれた道具とは、ずばり「パソコン」です。いまやパソコンは誰にとっても珍しいものではないでしょう。むしろ一時パソコンは、スマホに完全に置き換わるのではないか？　と言われていたくらいです。しかし最近では、デバイスの棲み分け方が世に浸透してきたのか、その論調もやや落ち着いてきたように感じます。

　パソコンはいまだ仕事にとって重要な道具です。故スティーブ・ジョブズ氏の表現を借りるならば、人間の潜在能力を飛躍的に拡張する「知の自転車」とも言えます。

　そしてパソコンには、人が普段意識していないような便利技がまだまだたくさん存在しています。それを知っているのと知らないのとでは、仕事や人生でかなり大きな差が生じてくることでしょう。社会人最初の勤務地として国内を選ぶ人がほとんど、という日本の現状においては、語学やプログラミング以上に、まずはパソコンを使った正しい情報の扱い方を学ぶことが極めて重要であることは、もはや明白な事実です。

　一方で、会社や学校では、パソコンを使える環境は整えられていたとしても、それを何の目的でどのように活かすか、といったところまでは教わらないようです。理由はビジネスとリテラシーの両方を理解した上で、教えられる人がいないからでしょう。また、専門書籍や専門学校では、道具の機能的な側面しか学ぶことができず、それらを使ってどう価値を生み出すかについては、読者や生徒に委ねられているのが現状です。本来はリテラシーとビジネスシーンは切り離されることなく、セットで身につけていかなければなりません。

本書では、一部の IT の詳しい人に好まれるようなマニアックなパソコン専門書にならないよう、私のこれまでのワーカー・コンサルタント・経営者としての経験から、あくまでビジネス上の課題を最短距離で解決できそうな技にしぼって取り上げています。そういう意味では、これまで以上にビジネスの現場事情を踏まえた、実用性や即効性の高い内容に仕上がっているはずです。また、本書は個人ワークの最適化だけでなく、組織ワークの最適化も念頭において書いていますので、ワーカーだけでなく、リーダーや経営者の方にも手にとってもらえると嬉しいです。

　爆速パソコン仕事術の実践にあたっては、勉強や訓練のように難しく考えずに、ぜひゲームや楽器演奏の感覚で楽しみながらワザを身につけていってもらえればと思います。しばらく続けていると、可処分の時間やお金が手元に残るようになると思いますが、ぜひ自分をワクワクさせることや人生を輝かせることに使ってくださいね。

　さあ、そろそろ私と一緒に学びの冒険に出発しましょうか。

　あなたの仕事や人生が、より楽しく、より素敵に輝くことを願って。

2019 年 6 月

岡田　充弘

Contents

爆速設定・メンテナンス術
第0章 パソコン性能の限界を引き出す! ……………… 013

Windows 爆速化テクニック

1 仕事はパフォーマンスがすべて
無駄な視覚効果を省いて Windows をスピードアップする …… **014**

2 PC に余計な仕事をさせない
不要な起動・常駐ソフトをオフにしてスピードアップ………… **017**

3 キーボードの設定を見直して
文字入力スピードを爆速化する……………………………… **022**

4 タッチパッドとマウスの設定を見直して
パソコンを自在に操る……………………………………… **025**

5 パソコンの電源が勝手にオフにならないように
電源オプションの設定を変更する………………………… **028**

Office アプリ共通テクニック

6 まちがえて上書き保存
未保存で閉じてしまう保存ミスをゼロにする設定……………… **031**

情報検索術
第1章 最短で欲しい情報を手に入れる! ……………… 035

Google 検索テクニック

7 好奇心をビジネスに変える!
たった3秒で検索結果を手に入れる3つの検索技 …………… **036**

8 一瞬で必要な情報を入手する!
Google の検索精度を高めるキーワード指定テクニック ……… **039**

9 定型文書はゼロから作らない
ひな形ファイルはファイル形式指定で検索する………………… 042

10 キーワード検索以外の用途に Google を活用して
持ち歩くモノを減らす……………………………………………… 045

11 営業担当者なら知っておきたい
Google 画像検索を活用した人名・店名記憶術 ………………… 048

フォルダー・ファイル整理術

第 2 章 パソコンの中の捜し物をゼロにする! ………… 051

Windows 爆速化テクニック

12 パソコン内で迷子にならない!
「開いているフォルダーまで展開」でフォルダー整理を習慣化する …… 052

13 MECE でフォルダーを整理し
情報の漏れやダブリを根絶する…………………………………… 055

Office アプリ共通テクニック

14 最新版はこれだ!
誰でもひと目で分かるファイル名の付け方……………………… 058

Windows 爆速化テクニック

15 複数のファイル名をキー操作でサクサク変更する……………… 061

16 マウスを使わずキーボード操作だけで
ウィンドウを自在に動かす………………………………………… 064

17 マウスを使わずキーボード操作だけで
自在にフォルダーを開く…………………………………………… 069

18 ファイル・フォルダーの三要素「場所・数・サイズ」を
一瞬で把握する…………………………………………………… 072

19 Open-Shell-Menu で
使い慣れたスタートメニューに変更する………………………… 075

20 よく使うファイルをスタートメニューに登録して
キー操作でアクセスする…………………………………………… 081

007

21 マウスを使わずに複数のウィンドウを
迷わず瞬時に切り替える………………………………… 084

Chrome 活用テクニック

22 手元に貯めない！
ブラウザーのブックマークを使った情報管理術……………… 089

資料作成術

第**3**章 マウスを使わず
爆速で作りあげる！……………… 093

Windows 爆速化テクニック

23 ショートカットキーに最適化！
仕事が速い人が実践しているキーボードへの手の置き方 ………… 094

24 どんなアプリも一発起動！
よく使うアプリをタスクバーからショートカット起動する…… 097

25 脱・パソコン迷子！
混乱したらエクスプローラーを瞬間起動して俯瞰する………… 101

26 リアルの仕事机を再現！
デスクトップを一時保存場所として有効活用する……………… 104

27 作業前にフォルダーの中身を最新にする習慣を身につけて
関係悪化を未然に防ぐ…………………………………………… 107

28 爆速で保存場所を共有する
ファイルパス・フォルダーパス活用術………………………… 110

29 マウスレスワークへの第一歩！
右クリックをキーボードで行う2つの方法 …………………… 113

30 Wi-Fi のオン / オフも爆速で！
タスクバーの「通知トレイ」をキーボードで自在に操る……… 116

31 文字入力を3割高速化する！
カーソル移動と文章選択のショートカットを極める…………… 119

32 いま見ている画面を即コピー！
相手と画面を共有する4つの技…………………………………… 122

33 よく使うフレーズを自動入力！
辞書登録で定型文の入力を爆速化する……………………………… 126

34 これだけは覚えたい文字入力技
入力した文字をカタカナや英数字に変換する………………… 130

35 名刺管理ソフトが不要になる！
爆速で住所を入力する便利ワザ…………………………………… 133

36 難読漢字をスムーズに入力！
読み方が分からない漢字は手書きで入力する…………………… 136

意外に使える! メモ帳の技

37 議事録作成はメモ帳を使う！
日時とともに記録する情報はメモ帳でまとめる………………… 139

38 目視を避けてミスを減らす！
文書の編集に検索と置換を活用する……………………………… 142

Office アプリ共通テクニック

39 Office を使いやすくする！
クイックアクセスツールバーとリボンを使い分ける…………… 145

Excel ビジネス活用術

40 パソコンは変えなくてＯＫ！
設定変更だけで Excel 動作を軽くするワザ ………………………… 149

41 資料名やページ数は何度も入力しない！
ヘッダー／フッター活用術………………………………………… 152

42 タイトル行は何度も入力しない！
印刷用にタイトル行を設定する…………………………………… 155

43 コピペ技を極めてセル入力を超省力化する……………………… 158

44 セルの書式設定とスタイル設定で
見やすい資料を作成する…………………………………………… 162

45 ビジネスパーソンが覚えるべき計算や作表に役立つ
５つの厳選「関数技」 …………………………………………… 166

46 任意のセルに現在の日付と時刻を爆速で入力する……………… 171

47 行と列の選択・挿入・削除を自在に操る…………………………… 174

48 マウスよりも早い！
シート内の目的のセルに爆速で瞬間移動する方法……………… 177

49 価値ある情報だけを抽出する！
フィルター機能を自由自在に使いこなす………………………… 180

50 手入力・入力ミスを一掃する！
入力規則を使ったリスト入力を実現する………………………… 183

Word ビジネス活用術

51 長い文章をブレずに書く！アウトラインと目次機能で
文書構造とバランスを意識する………………………………… 186

52 アウトライン表示で
アウトラインレベルを自在に変更する…………………………… 189

53 アウトライン表示で
アウトラインのレベル別表示と項目移動を一瞬で片付ける…… 192

54 マウスの逆襲 ?!
単語・行・文・段落・全体を一気に選択するクリック技……… 197

55 文章の意図を伝わりやすく！
文字サイズの変更や太字処理にかかる手間を最少化する……… 200

56 文書の内容や目的に合ったフォントや文字色を選択して
演出上手になる…………………………………………………… 203

57 モノクロ印刷でこそ活きる！
アンダーライン徹底活用法………………………………………… 206

Office アプリ共通テクニック

58 印刷プレビューでミスなくイメージ通りに印刷する…………… 209

Word ビジネス活用術

59 急ぎの仕事でこそ実行したい！
スペルチェックと文章校正でミスをゼロにする………………… 212

Acrobat PDF 編集術

60 資料としての価値を高める！
PDF ファイルに備忘録的なメモを追加する ………………… 215

010

61 PDF の表示倍率を
文書の内容に応じて自由自在に変更する……………………………… 218

62 ページ数が多い PDF で
目的のページへ一瞬でジャンプする……………………………………… 221

63 PDF ファイルのページを自在に挿入・削除する ……………… 224

64 PDF のページ表示の向きを
キーボードでサクサクと変える…………………………………………… 228

65 PDF ページの余計な部分をトリミングして
適切な表示倍率で閲覧できるようにする……………………………… 231

66 スキャンして作成した PDF 文書を
検索できるようにする……………………………………………………… 234

メール・タスク管理術
第 **4** 章 漏らさず 爆速で仕事をまわす！ ……… 237

G メール管理術

67 プレビュー機能を設定して
メールを開くことなく効率的にチェックする…………………… 238

68 メールの作成から送信まで
すべての操作をキーボードで実行する……………………………… 242

69 To・Cc・Bcc を正しく・速やかに使い分けるテクニック……… 247

70 ファイルのメール添付と
添付ファイルのダウンロードを爆速で実行する………………… 251

71 検索機能を駆使して過去のメールを自在に取り出す…………… 254

Google ToDo リスト・タスク管理術

72 Google ToDo リストであらゆるタスクを一元管理する ……… 257

011

第5章 デジタル活用でもっと伝わる！……… 261

会議・プレゼン術

Windows 爆速化テクニック

73 拡張ディスプレイ機能で投影画面と秘密画面を使い分ける…… 262

74 会議中に中座するときはコンピュータのロックを使ってスマートに秘密を保護する……………………………………… 266

PowerPoint スマートプレゼン術

75 話し手とスライド 聴衆の視線を巧みに誘導してスマートにプレゼンする………… 269

76 スライドショーと手書きを織り交ぜて臨場感あふれる演出をする…………………………………… 273

77 プレゼン慣れをアピールする！目的のスライドを見せたい大きさで一発表示する……………… 277

第6章 パソコンを老化させない！……… 281

ＰＣ運用・モニタリング術

Windows 爆速化テクニック

78 ゴミデータをデトックス！不要なデータを削除してパソコンをキビキビ動作させる……… 282

79 Windows の細やかな設定を瞬時に変更・確認する …………… 287

80 パソコンの健康診断！システム情報で OS のバージョンやマシン性能を確認する …… 290

012

第 **0** 章

爆速設定・メンテナンス術

パソコン性能の限界を引き出す!

買ったままの状態のパソコンを使って、「起動が遅い」「すぐフリーズする」などの不満をもっていませんか?設定を見直せば、本来の性能を引き出し、自分の仕事のスピードについてこられる、頼もしいパートナーに生まれ変わります。

Section 1　Windows 爆速化テクニック

仕事はパフォーマンスがすべて 無駄な視覚効果を省いて Windowsをスピードアップする

5〜10分
SPEED UP

仕事のパソコンはパフォーマンスが命

　買ったばかりのWindowsパソコンには、初心者向けのおせっかいな視覚効果がふんだんに施されています。実はこれ、**パソコンの性能をかなり圧迫**しています。

　プライベートでメールやネットを楽しむ程度であれば良いのですが、もし仕事でばりばりパソコンを活用したいのであれば、これらのハンディキャップをはじめに取り除いておく方が良いでしょう。

　以下に、無駄な視覚効果を省いて、Windowsの性能を限界まで引き出すための設定を2つ紹介します。

Open-Shell-Menuでスタートメニューを高速化

　1つ目は、スタートメニューを以前のWindowsのように簡素なスタイルに変更する設定です。**「Open-Shell-Menu」**という無料ツールをインストールすることが前提となります。インストールが済んだら、「スタート」ボタン上で右クリックして「設定」を選びます。すると、Open-Shell-Menuの「クラシックスタートメニューの設定」ウィンドウが開きます。「スタートメニュー

の様式」タブを選択し「Windows 7 スタイル」にチェックを入れて「OK」を押すと、スタートメニューなどがシンプルな表示形式に変わります。

また、デスクトップのアイコンがない部分を右クリック→「個人用設定」→画面左側のメニューから「色」を選択→「その他のオプション」の「透明効果」をオフにすると、装飾効果が減って、さらにパフォーマンスが向上します。

Windowsをパフォーマンス優先で動かす

2つ目は、Windows のパフォーマンス設定を見直します。

「スタート」をクリック→「プログラムとファイルの検索」ボックスに「システム」と入力→「システムの詳細設定の表示」を選択→「システムのプロパティ」の「詳細設定」タブを選択→「パフォーマンス」欄の「設定」ボタンをクリック→「パフォーマンス オプション」の「視覚効果」タブを選択→「パフォーマンスを優先する」をオンにします。

続けて「カスタム」をオンにし、次の2つ設定項目をオンにして「OK」ボタンをクリックすれば、設定は完了です。

☐ アイコンの代わりに縮小版を表示する
☐ スクリーン フォントの縁を滑らかにする

以上2つの設定を行うだけで、メモリを増設したり、パフォーマンス改善ソフトを入れたりしなくても、お手元のパソコンが見違えるほど軽快に動くようになります。

1円の追加投資もせずに試せますから、ぜひ、挑戦してみてください。

無駄な視覚効果を省いてサクサクに

●スタートメニューを旧スタイルに

●パフォーマンス設定の見直す

「パフォーマンスを優先する」を選択した後、「カスタム」に切り替えます。

Section

Windows 爆速化テクニック

2
PCに余計な仕事をさせない 不要な起動・常駐ソフトを オフにしてスピードアップ

5〜10分
SPEED UP

パソコンに余計な仕事をさせない

買ったばかりのパソコンには、余計なアプリがたくさんインストールされています。インストールされているだけなら良いのですが、中には、みなさんが気付かないうちに起動して、余計な仕事をしているアプリがあるのです。陰でコソコソと仕事をしているので、パソコンは本来の性能を発揮することができなくなります。

そこで、いま動いているアプリから不要なものを選んだり、Windowsが起動した直後に仕事をしようとするアプリを止めることで、「やってもらいたいメインの仕事」に専念してもらうことにしましょう。そうすることで、Windowsの起動時間が短くなるだけでなく、余計な仕事に使っていた負担が減って、Windowsやその上で動くアプリが軽快に動くようになります。

以降では、不要なアプリを起動させなくする、5つの設定を紹介します。

第0章

超速設定・メンテナンス術

パソコン性能の限界を引き出す！

①不要なスタートアップアプリを無効化

キーボードで Ctrl + Shift + Esc と押すと、「タスク マネージャー」が開きます。「スタートアップ」タブを選択→「状態」列が「有効」と表示されているアプリのなかから、不要なアプリを右クリックして表示されるメニューで「無効化」を選択します。

これで Windows の起動時に、不要なアプリが起動してしまう問題を防げます。新しくアプリをインストールしたときには、そのアプリが「スタートアップ」に登録されていないかどうかを確認してみましょう。

②スタートアップからショートカットを削除

「スタート」→「すべてのプログラム」→「スタートアップ」を選択し、表示されたショートカットから不要なものを削除します。

これで Windows 起動時に、不要なアプリが起動しなくなり、Windows の起動にかかる時間を短くすることができます。もちろん、タスクトレイにも表示されなくなります。

③システム構成のサービスメニューを見直し

「スタート」→「プログラムとファイルの検索」に「システム構成」と入力して「システム構成」アプリを選択→「サービス」タブを選択し、不要な項目をオフに（筆者は「Windows Search」という名前のサービスや、製造元が「Adobe」や「Apple」のサービスをオフにしています）→「OK」ボタンをクリック。

これで知らないあいだに起動している不要なアプリ（サービス）を止めることができます。ただし、なかには Windows の実行に欠かせない、重要なサービスも含まれています。こうしたサービスを止めてしまうと、最悪の場合、パソコンが起動しなくなります。「Windows 10 不要 サービス」などのキーワードで Google 検索するなど、十分に調べてから試しましょう。

④起動・終了時サウンドをオフ

「スタート」→「コントロール パネル」→「サウンド」→「サウンド」タブ→「サウンド設定」欄で「サウンドなし」を選択します。さらに、「Windows スタートアップのサウンドを再生する」をオフにして、「OK」ボタンを押します。

これで鳴っていてもあまり役に立たない Windows のサウンドをオフにすることができます。サウンドファイルを読み込まなくなる分、Windows の起動にかかる時間を短くすることができます。

⑤タスクトレイから不要なプログラムを終了

タスクトレイに表示されている不要なアプリの上で右クリックして表示されるメニューから「終了」を選択します。

これで、メモリを圧迫する原因となっているプログラムを終了させることができます。

見直しが済んだら、パソコンを再起動してみましょう。みなさんのパソコンの本当の速さを実感できるはずです。再起動する前には、保存していないデータがないか確認することをお忘れなく。

第 0 章

超速設定・メンテナンス術

パソコン性能の限界を引き出す！

019

不要な起動・常駐ソフトをオフにする①

●不要なスタートアップアプリを無効化する

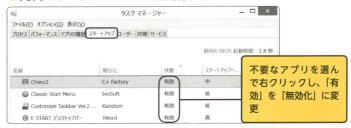

不要なアプリを選んで右クリックし、「有効」を「無効化」に変更

●スタートアップフォルダから不要なショートカットを削除する

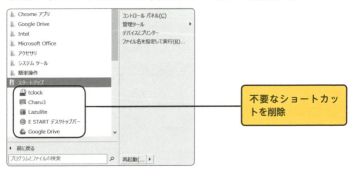

不要なショートカットを削除

●システム構成のサービスメニューを見直す

「Windows Search」など明らかに使わなさそうなプログラムだけチェックを外す

不要な起動・常駐ソフトをオフにする②

●起動・終了時サウンドをオフにする

「サウンドなし(変更)」を選択

チェックを外す

●タスクトレイから不要なプログラムを終了させる

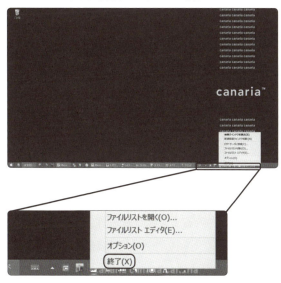

第0章 超速設定・メンテナンス術 パソコン性能の限界を引き出す!

021

Section

Windows 爆速化テクニック

3

キーボードの設定を見直して
文字入力スピードを
爆速化する

1〜5分
SPEED UP

「できる人」は音を立てずにキーボードを打つ

文字入力やファイル選択など、パソコンを使った仕事の多くはキーボード操作を通して行います。そのため、キーボードを素早く打つテクニックを磨くことは大切です。

一方、Space キーや ← → ↑ ↓ キー、Enter キーなどを使ってカーソルの移動を急ごうとするあまり、ものすごい音を立てながら、キーボードを連打している人を見かけることがあります。

せっかくパソコンという文明の利器を使っているのですから、もっとスマートに対処する方法はないのでしょうか？

実は、工場出荷時のパソコンは、キーを押してから文字が表示されるまでの待ち時間が長めに設定されているため、その設定のまま少しでも速く入力しようと思うと、必然的にキーボードを連打するしかなくなるのです。それでも思うようにならないと、イライラしてしまい、キーボードを打つ手につい力が入ってしまうのです。

そこで、「文字が表示されるまでの待ち時間」が「短く」、さらに同じキーを押しっぱなしにしたときの「表示の間隔」が「速く」なるように設定を変更することにします。

022

たったこれだけで、文字入力スピードを爆速化することができるのです。具体的な設定方法は、次のとおりです。

「キーボードのプロパティー」の設定を変更

スタート→「コントロール パネル」→「キーボード」と選択して「キーボードのプロパティ」を開きます。

ここで「表示までの待ち時間」と「表示の間隔」の各スライダーを右端まで移動して、「OK」ボタンを押します。

いかがでしょうか？　設定後は、文字入力やカーソル操作が軽快に行えるはずです。特にスタートメニューやファイルやフォルダの選択、タブ移動、エクセルのセル操作などで、絶大な変化を体感できることでしょう。

ぱっと見は地味な技ですが、筆者が誰かのパソコンでこの設定を行うと、みなさんとても驚きます。<mark>文字入力が快適になるだけで、パソコンの処理速度が速くなった気がする</mark>のです。

キーボードの設定を見直して、素早く、そして優雅にパソコン仕事を片付けましょう。

マウスのスピードアップと合わせ技で

ここで紹介したキーボードのスピードアップ技は、次のSection 4 で紹介する<mark>マウスやタッチパッドのスピードアップ技と組み合わせることで、さらなるパソコンの爆速化を実現できます</mark>。ゼロコストでスピードアップ——夢のような話ですが、Windows の設定を変えるだけで、かんたんに実現できることを覚えておいてください。

第0章

超速設定・メンテナンス術

パソコン性能の限界を引き出す！

023

キーボード操作を劇的にスムーズにする

● キーボードの設定

スタート→コントロールパネル→キーボード

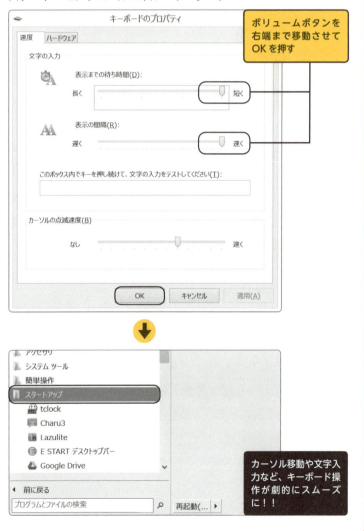

Section 4

Windows 爆速化テクニック

タッチパッドとマウスの設定を見直してパソコンを自在に操る

1〜5分
SPEED UP

タッチパッドは指1本で使ったらもったいない

本書では、できるだけショートカットキーを使ってパソコン操作を効率化することを推奨しますが、マウスやタッチパッドを使わざるを得ない仕事もあるでしょう。止むなくタッチパッドを使うのであれば、快適に使いたいところです。

キーボードの設定（Section 3 参照）と同時に、マウスやタッチパッドの設定を見直すことで、パソコン操作のストレスを軽減し、生産性を飛躍的に高めることができます。具体的な設定方法はパソコンの機種によって異なりますが、ここでは筆者のノートパソコン（VAIO Z）での設定を例に、4つの方法を紹介します。①はマウスの、②〜④はタッチパッドのスピードアップ技です。みなさんのパソコンでも似た設定を行えないか試してみてください。

①マウスポインターの速度調整

筆者はあえて少し速めに設定しているのですが、「スタート」→「コントロール パネル」→「マウス」と選択して「マウスのプロパティ」を開き、「ポインター オプション」タブを選択

します。「速度」欄で「ポインターの速度を選択する」スライダーで速度を調整します。

②タップ操作と右クリック操作

　筆者は、できるだけマウスとキーボードの切り替え操作を減らすために、タッチパッドを1本指でたたくと左クリック、2本指でたたくと右クリックと認識されるように設定しています。タッチパッドの設定方法はパソコンによって異なります。筆者のノートパソコンでは「マウスのプロパティ」画面の一番右端の「アプリケーション」タブからマウスデバイスを選択した後「オプション」を押し、設定画面で「一本指」タブ→「タッピング」メニューから設定しました。

③二本指の上下スクロールとその速度調整

　片手でブラウザの表示をスクロールしたいときに重宝する設定です。うまく設定するとMacBookと似た操作感を得ることができます。設定方法は②と同様で、筆者のノートパソコンでは「マウスのプロパティ」画面で「マルチ指」タブを選択し、「スクロール」メニューから設定しました。

③三本指の左右スワイプで戻る・進む

　片手でWebページを行き来したいときに便利な設定です。3本指でマウスパッドを左右にスワイプすることで、ブラウザの「戻る」ボタン、「進む」ボタンに相当する機能が働きます。②〜③と同様に、筆者のノートパソコンでは「マルチ指」タブを選択し、「三本指スワイプ」メニューから設定しました。

マウス操作のストレスをゼロにする

●マウスポインターの速度調整

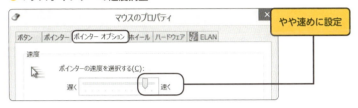

やや速めに設定

●タッピングと右クリック操作

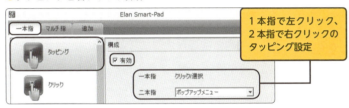

1本指で左クリック、2本指で右クリックのタッピング設定

●二本指スクロールと速度調整

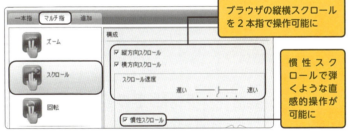

ブラウザの縦横スクロールを2本指で操作可能に

慣性スクロールで弾くような直感的操作が可能に

●三本指スワイプでページ戻り・送り

3本指で左右になでると、ブラウザの戻りと送りを操作可能に

第0章 超速設定・メンテナンス術 パソコン性能の限界を引き出す!

Section Windows 爆速化テクニック

5 パソコンの電源が勝手にオフにならないように電源オプションの設定を変更する

1〜5分
SPEED UP

パソコンの仕事中の居眠りを防ごう

　パソコンのデフォルト設定では、しばらく操作を止めていると、節電のため自動的に電源がオフになるように設定されています。ただ、このままですと、インストールやダウンロード、データの移行など、少し時間がかかる処理の途中で強制終了されてしまう可能性があります。そこで、電源が勝手にオフにならないよう、オフまでの時間を独自に設定しておくことをお勧めします。スタート→「コントロール パネル」→「電源オプション」と選択して、電源オプション画面を開きます。

電源オプション→プラン設定の変更

　設定時間は筆者の設定例です。また、Windows 10におけるスリープは、これまでハイブリッドスリープと呼ばれていたものです。

設定項目	バッテリ駆動	電源に接続
ディスプレイの電源を切る	1時間	2時間
コンピューターをスリープ状態にする	1時間	5時間

①カバーを閉じたときの動作の選択

ノートパソコンを使っている場合は、次のように**カバーを閉じたときの動作を設定しておくと、離席時や移動時に使えてとても便利**です。

設定項目	バッテリ駆動	電源に接続
電源ボタンを押したときの動作	スリープ状態	スリープ状態
カバーを閉じたときの動作	スリープ状態	スリープ状態

②スリープからの復帰時にパスワードを求める

スタート→「設定」と選択して、「Windows の設定」画面を開き、「アカウント」を選択します。画面左側のメニューから「サインイン オプション」を選択し、「サインインを求める」のプルダウンメニューで「毎回」を選択すると、スリープからの復帰時にパスワードが求められます。**メニューを選択できない場合は、「Windows Hello」の「削除」ボタンをクリック**してください。

これらの電源設定をしておくことで、パソコンの電源が勝手にオフになることによるトラブルや、セキュリティ上の問題を回避することができます。

なお、屋外ではなくオフィスで離席する際には、カバーを閉じるより ⊞ ＋ Ｌ でロックをかける方が手軽かもしれません。

第0章

超速設定・メンテナンス術

パソコン性能の限界を引き出す！

029

電源が勝手にすぐオフにならないようにする

●ディスプレイの電源を切る時間の指定

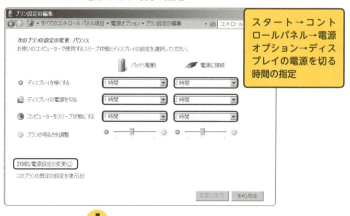

スタート→コントロールパネル→電源オプション→ディスプレイの電源を切る時間の指定

●カバーを閉じた時の動作

スタート→コントロールパネル→電源オプション→カバーを閉じた時の動作の選択

Section

Office アプリ共通テクニック

6 まちがえて上書き保存 未保存で閉じてしまう 保存ミスをゼロにする設定

**1～5分
SPEED UP**

Officeアプリなら保存ミスも怖くない？

　文書を作成している途中で間違いに気づいたのに、うっかり上書き保存してしまった……。パソコンを使って仕事をしていると、誰でも一度はそんな苦い経験があるのではないでしょうか？　しかし、==せっかく時間をかけて作った資料が、一瞬で水の泡==になるのは悲しすぎますよね。そんな思いをしないで済むように、便利な技を紹介します。

　Office 2010 以降では、うっかり上書き保存してしまった時のために、過去の状態に戻せる「バージョンの管理」という便利な機能が備わりました。==Excel、PowerPoint、Word、いずれの Office アプリでも使える機能==です。

①事前設定

　Office アプリで「ファイル」→「オプション」→「保存」を選択し、「次の間隔で自動回復用データを保存する」をオンにして、自動保存の間隔時間を入力（デフォルトは 10 分。1 ～ 120 分の範囲で指定可能）します。さらに、「保存しないで終了する場合、最後に自動保存されたバージョンを残す」もオン

第 0 章

超速設定・メンテナンス術　パソコン性能の限界を引き出す！

031

にして「OK」ボタンをクリックします。

「保存」を押さずに、Officeアプリを終了してしまっても、自動保存されたデータのうち最新のデータが回復用ファイルとして保存されるようになります。

②保存を一度もせず復活

新規作成してから、まだ一度も保存していないファイルを誤って閉じてしまった場合でも、事前に設定した自動保存の間隔時間を過ぎていれば、次の方法で復活させることができます。

Officeアプリのリボンから「ファイル」→「情報」→「〇〇の管理」→「保存されていない〇〇の回復」→該当するファイルを選択→「開く」→「名前を付けて保存」で保存することができます。

③以前のバージョンに復活（一度は保存有り）

一度保存したファイルを誤って上書き、または保存しないで閉じてしまった場合、以下の方法で以前のバージョンに復活させることができます。

「ファイル」→「情報」→「〇〇の管理」欄の自動保存された過去のバージョンのファイルの中から、復活させたいファイルを選んでクリック→ファイルが開き、上部に表示されるメッセージバーで「復元」→「OK」と選択→指定したバージョンに戻して上書きされ、以前の編集内容を回復させることができます。

うっかり上書き保存したファイルを復活させる①

●事前設定

Office アプリ上で「ファイル」→「オプション」→「保存」

2項目にチェック→保存間隔を入力→ OK

●保存を一度もせず復活

Office アプリ上で「ファイル」→「情報」→「ドキュメントの管理」→「保存されていない文書の回復」

うっかり上書き保存したファイルを復活させる②

●以前のバージョンに復活

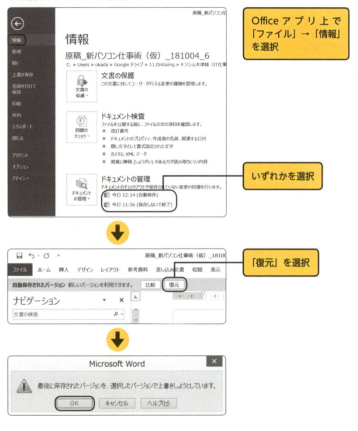

第 **1** 章

情報検索術

最短で
欲しい情報を
手に入れる!

いまや、調べ物はインターネットですませる人がほとんどでしょう。日々増え続ける情報から、本当に必要な情報を、人よりもはやく、正確に見つけ出す技術は、現代のビジネスパーソンにとって必要不可欠です。一瞬で検索エンジンを呼び出す方法や、日々の仕事に役立つ検索テクニックを紹介します。

Section **7** `Google 検索テクニック`

好奇心をビジネスに変える！たった3秒で検索結果を手に入れる3つの検索技

5〜10分 SPEED UP

地下街で謎解きイベントやってる会社。なんて名前だっけ？ ほら、関西の…。

ちょっと、待ってください。
（たしか、手帳に書いてあったよな…）

あ、忙しそうだね。大丈夫、自分で調べるよ。
（こういうときは、人に聞くより Google だな）

（だったら、最初から自分で調べようよ）

知的好奇心を育てる検索エンジンの使い方

　情報過多の時代においては、==適切な情報をどれだけ早く探し出せるかがビジネスの成否を分けるカギ==となります。そこで重要な役割を担うのがGoogleをはじめとする検索エンジンです。検索エンジンを使いこなすことで、==刹那的な「拡散的好奇心」を、恒常的でビジネスの原動力になる「知的好奇心」へと育てる==ことができるのです。

ここでは「知りたい！」と思った3秒後には検索結果を得られる、3つの検索テクニックを紹介します。

①Webブラウザーのアドレスバーを使う

　Webブラウザーを開いて Alt + D を押すと、一瞬でアドレスバーにカーソルが移動します。キーワードを入力して、Enter を押せば、検索結果が表示されます。

②「ESTARTデスクトップバー」を使う

　ESTART デスクトップバー（http://start.jword.jp/desktop）という無料の検索ツールをインストールすると、Ctrl キーを2回押すだけで、瞬時にデスクトップバーが開き、キーワード検索を始められます。ESTART デスクトップバーは、Google 検索だけでなく、YouTube や Amazon、Twitter の検索にも対応しています。検索ボックスにキーワードを入力した後、Alt + ↑ / ↓ で検索対象を切り替えられます。

③ファイル検索ツール「Everything」を使う

　筆者が最も重宝しているのが「Everything」（http://www.voidtools.com/）です。「Everything」を起動するショートカットキーを設定（筆者は Shift + F1 に設定しています）しておくだけで、パソコン内に保存されたファイルを瞬く間に検索することができます。

　思いついたらすぐに検索できるように準備しておきましょう。

037

思いついたら秒で検索する

● ブラウザアドレスバーを使う

`Alt` + `D` でアドレスバーにカーソルが移動

キーワードを入れると選択候補があらわれるので選択して `Enter`

● ESTART を使う

ESTART を開いて設定マークをクリック→「キーボードによる起動を有効にする」にチェック→「`Ctrl` キーを2回連続押下」を選択

キーワードを入れて、検索ツールを `Alt` + `↑` `↓` キーで選択→ `Enter`（写真は Google を選択）

● Everything を使う

Everything を開いて `Ctrl` + `P` →メニューの「全般」から「キー割当」を選択→「新規検索ウインドウキー」に `Shift` + `F1` を登録→ OK

①登録した `Shift` + `F1` を押すと Everything が瞬間起動
②キーワードを入れると下部に候補が表示

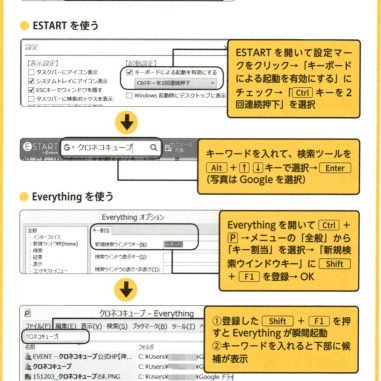

Section 8　Google 検索テクニック

一瞬で必要な情報を入手する！Google の検索精度を高めるキーワード指定テクニック

5〜10分
SPEED UP

Twitter で当社の新商品が話題だと聞いたんだが、関連するツイートを集めてくれないか？

Twitter なら任せてください！
いつも使っていますから！

Twitter は会社からはアクセスできないぞ。
Google を使えよ。

え、なんでそんなことするんですか？

人とちがう検索結果を得るには使い方を変える

　四半世紀前に登場した Google 社の検索サービスは、いまや世界中のビジネスパーソンにとって欠かせないインフラに成長しました。世の中のことはネットを調べればたいてい分かるという現状は、膨大な情報がこの四半世紀でネットに蓄積されたという事実の裏返しです。

　そのため、あまり考えずに Google 検索したら、的外れな情

報がたくさん表示されてしまったという経験をする人も増えているはずです。膨大な情報の中から本当に役立つ情報だけを取得するには、検索キーワードの指定方法に工夫が必要です。

逆にいえば、検索キーワードの指定の仕方次第で、かなり精度の高い検索結果を導き出すことができるのです。

ここでは、代表的な方法をいくつか紹介します。なお、以下の説明で_は半角スペースを表します。

① A ⌴ B

2つのキーワードA、Bをスペースでつなぐと、AとBの両方を含む情報を取得できます。複数の条件を満たす情報を調べたいときに役立ちます。

【例】クロネコ⌴キューブ

② A ⌴ OR ⌴ B

2つのキーワードA、BをORでつなぐと、AとBのいずれかが含まれる情報を取得できます。対象を幅広くとって調べたいときに役立ちます。

③ A ⌴ − B

Aの検索結果から、キーワード「B」が含まれる情報を除外した情報を取得できます。意図しない検索結果をあらかじめ除外しておくことで、検索精度を高められます。−は半角のマイナス記号を入力してください。

【例】ジャガー⌴速さ⌴−自動車

④ "A"

キーワードを半角の二重引用「"」で囲むことで、<mark>キーワードに完全一致する情報だけ</mark>を取得できます。固有情報を調べたいときに役立ちます。

【例】" 世界一深い湖 "

⑤ A とは

キーワードに続けて「とは」と入力することで、<mark>キーワードの意味を解説する情報</mark>を取得できます。特定の業界内で使われる略語の意味を調べたいときに役立ちます。

【例】RPA とは

⑥ A*

キーワードにアスタリスクをつけることで、不明瞭な語句を考慮した検索結果を取得できます。<mark>語句の一部が思い出せないときに役立ちます</mark>。

【例】" 吾輩は * である "

⑦ A ⌣ @ ソーシャルメディア名

キーワードに @ ソーシャルメディア名をつけることで、<mark>ソーシャル名ディア内をキーワード検索した結果</mark>を取得できます。

【例】クロネコキューブ ⌣ @twitter

ネット時代では<mark>「情報は持たずに探す」のがあたり前</mark>です。必要な情報を探す「検索スキル」は、個人の価値を左右するスキルであり続けることでしょう。

第1章

情報検索術

最短で欲しい情報を手に入れる！

041

Section 9 　Google 検索テクニック

定型文書はゼロから作らない ひな形ファイルは ファイル形式指定で検索する

1〜5分 SPEED UP

S社との取引の件、業務委託契約書を作ってくれないかな？

できました！　ネットで探せば楽勝ですよ。

さすがだね（これ、権利関係は大丈夫かな？）。

いえいえ、それほどでも。

ひな形ファイルはfiletype:でGoogle検索

　ITの普及に伴い文書のデジタル化やペーパーレス化が浸透してきましたが、取引先との契約書や役所への各種届け出文書など、仕事を進めるには欠かせない紙の定型文書がいくつも存在しています。

　こういった文書をその都度ゼロから作っていたのでは、手間がかかるばかりか、漏れや誤りも生じやすくなります。そんなときにお勧めしたいのが、**Googleを使って定型文書のひな形を検索する**方法です。

検索ボックスに **filetype:（拡張子）␣（文書名）** という順番で情報入力します。**（拡張子）には、Word ファイルであれば doc か docx を、Excel ファイルなら xls か xlsx を入力します。**

ファイルの種類	拡張子
Word ファイル	doc か docx
Excel ファイル	xls か xlsx
PowerPoint ファイル	ppt か pptx
PDF ファイル	pdf
写真、画像ファイル	jpg、png、tif など

たとえば「filetype:docx ␣業務委託契約書」で検索すると、契約書の作成に役立つひな形や凡例がたくさん見つかります。社会保険の「被保険者資格取得届け」のような公的文書を入手したい場合もすぐに見つかります。ぜひ一度試してみてください。

また filetype: の左に半角のハイフンを入れて **-filetype:（拡張子）␣（文書名）** と入力すると、指定したものを除いた検索結果を表示させることもできます。**「写真じゃ意味がないんだよ」** というときは **-filetype:jpg** などと入力するわけです。

筆者が filetype: を使って探す文書には、契約書や社会保険関係の公的文書、見積書・請求書といった帳票、ひな形としての目的ではありませんが決算短信や有価証券報告書などのレポートなどがあります。

なお、こうしたひな形のなかには、二次利用が禁止されているものもありますから、著作権規定等には十分ご注意ください。

文書はゼロから作らず雛形を検索する

●拡張子と文書名の指定

filetype:（拡張子）＿（文書名）

Google の検索ボックスに、ファイル形式と文書名を指定して filetype 検索を実施

指定した形式の文書候補が検索結果として表示される

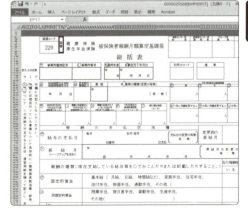

指定した形式の文書が開く

Section **Google 検索テクニック**

10 キーワード検索以外の用途にGoogleを活用して持ち歩くモノを減らす

5〜10分 SPEED UP

すみません。1回会社に戻っていいですか？

どうした？　忘れ物かい？

A社の荷受け立ち合いは、その場で見積額の調整が必要ですが、電卓を忘れたようです。

その程度の単位換算や計算なら、Googleで片付けるよ。

キーワード検索だけではないGoogle活用術

Googleは情報検索に欠かせないツールですが、実は**検索以外にもいろいろな使い方が可能**です。ここでは、筆者が持ち物を減らすために活用している4つの技を紹介します。

電卓代わりの「計算機機能」

Googleを電卓代わりに使えることをご存知でしょうか？ 電卓を探したり、パソコンやスマホのアプリを使ったりしなく

ても、**ブラウザーだけで計算できる**のです。Google の検索ボックス、または Chrome のアドレスバーに「**16000*1.08**」のように計算式を入力して Enter を押すだけです。

単位換算表代わりの単位換算機能

　ビジネス手帳の巻末には、主な単位の換算表が付いていますが、Google を使えば**換算表も途中の計算も不要**になります。たとえば、ドルを円に換算したい場合は「**200 ドルは何円**」と入力して Enter キーを押すと、換算結果が表示されます。

語学辞書代わりの翻訳機能

　Google は**翻訳機として使うこともできます**。英語を日本語に翻訳したい場合、**英和␣（英単語）** と入力して Enter キーを押すだけで、日本語訳が表示されます。

　逆に、和英␣（日本語）と入力して Enter キーを押すと、日本語を英語に変換してくれます。スピーカーの絵が描かれたボタンを押せば、発音を聴くこともできます。

天気予報

　Google を使えば天気予報を調べるのも驚くほど簡単です。たとえば、芦屋の天気を調べたい場合、**weather: 芦屋**と入力して Enter キーを押すだけで、芦屋の 1 週間の天気や気温の予報が表示されます。

　これら 4 つの技以外にも、Google にはまだまだ便利な機能が隠されています。ぜひ**自分だけの便利機能を見つけて、身の回りから持ち物を減らしましょう**。

046

Googleを検索以外の便利ツールとして使う

●お勧め便利ツール

計算機

計算式を入力すると計算結果が表示される

単位換算

計算機

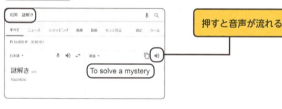

押すと音声が流れる

単位換算

「weather: 地名」と入力すると気象情報が表示される

Section **Google検索テクニック**

11 営業担当者なら知っておきたい Google画像検索を活用した 人名・店名記憶術

10〜15分
SPEED UP

あれっ？ クロネコキューブのヒゲの社長さん、なんて名前でしたっけ？

えーっと、ちょっと待てよ…。
そう、岡田さんだ。岡田充弘さん。

さすが、先輩。
営業の人って本当に顔と名前を覚えてるんですね。

大変だけど、一応仕事だしな。
（本当はGoogle画像検索のお蔭だけどな）

曖昧な記憶から正式名称を調べる

Google検索といえば、キーワード検索が代表的ですが、それ以外にも地図や画像、動画など、いろいろな形式で検索結果を取得することができます。

Google画像検索は「○○の写真が必要」といった用途に使うのが一般的だと思いますが、もともとは「ジェニファー・ロ

ペスが着ていた緑のヴェルサーチドレスの写真が見たい」という利用者の要望に応えるために開発された機能なのだそうです。

これを逆手に取れば、顔だけうっすらと覚えている俳優の名前や、店頭で色・形・サイズ感だけ覚えてきた家電製品の型番など、曖昧な記憶を頼りに正確な名前を調べるのに役立つのです。

Google 検索ボックスに関連するキーワードを入力し、画像検索します。表示された検索結果の中から目的の画像を選んでクリックすると、関連情報が展開されます。展開された情報のなかに正式名称が書かれている場合もありますが、書かれていない場合は、画像の右側の「表示」をクリックして、その画像が掲載されている元ページから探し出せるでしょう。

顔だけ覚えている海外俳優の名前を調べる

人気映画『スパイダーマン：ホームカミング』の主演男優の名前を調べたいと仮定しましょう（このシリーズは、主演がコロコロ変わるので、筆者はどうしても名前を覚えられません）。まず「俳優　スパイダーマン」をキーワードに画像検索します。トム・ホランドの写真が出てきたら、「そうそう！この人！」と分かるので、そこから情報をたどってゆくのです。

筆者はこの方法を使い、人物名、商品名、店名などを、ゲーム感覚で記憶に定着させるようにしています。人の脳は、本来、文字よりも画像や映像の方が記憶しやすいのです。ぜひ画像検索を記憶の整理・定着に活用してみてください。

名前が思い出せない時こそ画像検索に頼る

● 名前が思い出せない例

人名

① 「あっ、この人だ」と思ったら画像をクリック

② 展開された解説文の文中、または「ページの表示」をクリックして飛んだページの中から目的の名前を探し当てる

商品名

店名

第 **2** 章

フォルダー・ファイル整理術

パソコンの中の捜し物をゼロにする！

人間は一生のうち、じつに 150 日（約 5 か月！）を探しものに費やしているといわれています。パソコンのフォルダーやファイルを整理して、最速で目的のファイルにたどり着けるようになるためのさまざまなテクニックを紹介します。

Section **12** Windows 爆速化テクニック

パソコン内で迷子にならない！「開いているフォルダーまで展開」でフォルダー整理を習慣化する

1〜5分 SPEED UP

お茶買ってきたから、少し休憩しないか？

ありがとうございます。
じゃあ、アプリを閉じて、っと。

（パソコンを覗き見しながら）
おいおい。君のデスクトップは散らかっているねぇ。

大丈夫ですよ。
どこに何があるかは覚えています。

整理する力を身につける

　検索は、人間の「モノを探す」という行為を機械に肩代わりさせる技術です。この検索技術が進化した結果、情報が置かれている場所や、その量、どのように保管されているかに価値がなくなってしまいました。人間ではなく、機械が探すので、探す手間や労力を考えなくても済むようになったのです。

　しかし、筆者は「人間が検索技術に依存し過ぎると、物事の

構造やレベル感を意識する機会が失われてしまうのではないか？」と密かに危惧してします。

物事の構造を組み立てるには、分類や整理が必要ですが、これはパソコンを使って情報管理する行為とよく似ています。筆者は「どうしたら整理する力が身につきますか？」という質問をよく受けるのですが、「パソコンのフォルダーをこまめに整理してみてはいかがですか？」と答えています。フォルダーの整理は、物事の構造を理解するのにとても役立つのです。

開いているフォルダーを瞬時に確認する

フォルダーを整理するには、いま開いているファイルが保存されている場所や、フォルダーの階層構造を正しく把握する必要があります。しかし、何度も上位や下位のフォルダーを開いて構造を確認するのは手間がかかります。そこでお勧めしたいのが、ナビゲーション ウィンドウの表示設定の変更です。

エクスプローラーを開いて、リボンの「表示」タブを選択します。続いて、リボン左端の「ナビゲーション ウィンドウ」をクリックして、「開いているフォルダーまで展開」を選択します。これで、いま開いているフォルダーまで展開表示されるようになります。なお、ナビゲーション ウィンドウ自体が表示されていない場合は、リボン左端の「ナビゲーション ウィンドウ」をクリックして、「ナビゲーション ウィンドウ」を選択すれば OK です。

作業途中でもフォルダー階層のどこにいるかを把握できるので、異なるフォルダーにある複数の資料を同時に扱いやすくなります。パソコン導入時の初期設定として強くお勧めします。

いま開いてるフォルダーまで展開表示する

● 展開表示

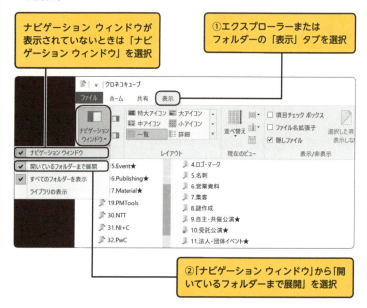

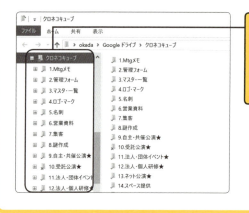

Section	Windows 爆速化テクニック
13	**MECEでフォルダーを整理し情報の漏れやダブリを根絶する**

10〜15分
SPEED UP

おーい、もう会議が始まるぞ。
資料は、印刷して持って来てくれ。

ちょっと、待ってください。
あれ？　確か、ここに保存したはずなのに。

探し物と整理・整頓。
どっちに人生を使いたいんだい？

……。（そんなふうに考えたことなかったな）

人生で探し物に費やす時間をゼロにする

人は一生のうち150日以上を何らかの「探し物」にあてていると言われてます。誰しもそんな時間から開放されて、ストレスレスな毎日を過ごしたいですよね。

・いざというときに、必要なファイルが見つからない！
・ファイルを保存した場所が分からなくなってしまった！

そんな悩みを解決したい方にお勧めしたいのがMECE（ミー

055

シー）で す。MECE は Mutually Exclusive and Collectively Exhaustive（「漏れなく、ダブりなく」という意味です）の略語で、もともとコンサルティング業界で物事の論理構造を理解したり、課題を発見したりするために使われるグルーピングの技術ですが、筆者はこれをファイルやフォルダーの整理に応用しています。

MECEでファイルやフォルダーを整理する

MECE でファイルやフォルダーを整理するときは、筆者が"家系図の法則"と呼んでいる「同一フォルダー内、同一切り口の原則」に則って整理します。くわしい方法は図解ページで説明しますが、業務であれば「会社名→業務の切り口→文書・作業の切り口」というように、1つのフォルダーを起点として、木の枝のように、末広がりにフォルダーを作成、整理していくのがポイントです。また、フォルダー名やファイル名の先頭に、半角数字で番号を付けるのは、マウスを使わずにテンキーで選択できるようにするためです。

このような方法でファイルやフォルダーを整理しておくと、誰でも直感的に構造を把握できるようになり、情報を活用しやすくなります。情報の漏れや、ダブりにも気付きやすくなることでしょう。

フォルダー整理に慣れないうちは、たとえば上位フォルダーを「顧客」の切り口で分けるか「商品」の切り口で分けるかという、整理の切り口で迷うことがあるかもしれません。ですが、繰り返しているうちに慣れてきます。諦めずに、MECE を意識しながら整理する習慣を身につけましょう。

MECEでフォルダーを整理して漏れやダブリを根絶

●フォルダ整理のルール

新フォルダー作成 `Ctrl` + `Shift` + `N`

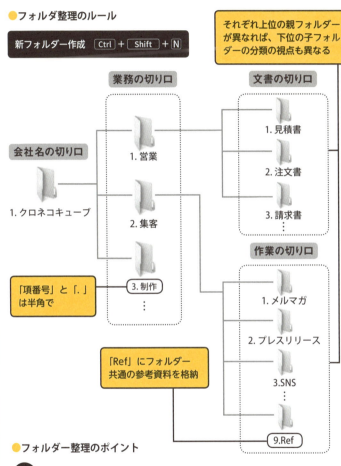

それぞれ上位の親フォルダーが異なれば、下位の子フォルダーの分類の視点も異なる

会社名の切り口 — 1. クロネコキューブ

業務の切り口
- 1. 営業
- 2. 集客
- 3. 制作

「項番号」と「.」は半角で

文書の切り口
- 1. 見積書
- 2. 注文書
- 3. 請求書

作業の切り口
- 1. メルマガ
- 2. プレスリリース
- 3. SNS
- 9. Ref

「Ref」にフォルダー共通の参考資料を格納

●フォルダー整理のポイント

1 切り口にそって視点・レベル感(具体度)を揃える

2 互いに漏れやダブリが無い状態にする(MECE)

3 並び順に意味を持たせる(時系列、重要度など)

第2章 フォルダー・ファイル整理術 パソコンの中の捜し物をゼロにする!

Section **14**　Office アプリ共通テクニック

最新版はこれだ！誰でもひと目で分かるファイル名の付け方

5〜10分
SPEED UP

先週、原材料費の価格改定があったはずだよな。見積書の最新版をメールしてくれないか。

お待たせしました。いま、メールで送りました。

これは古いデータだぞ。ファイル名に「最新」とあるが更新日くらい確認してから送ってくれよ。

すみません、すぐに送り直します。
（先週の時点では確かに「最新」だったのに…）

見通しがよくなるファイル名の付け方とは？

　誤って古いバージョンのファイルを更新してしまっていた、ファイル名の付け方がバラバラで、どれが最新のファイルか分からない——誰でも一度はこのような経験があるのではないでしょうか？

　このような事態に陥らないためにも、**ファイルは一目見てどれが最新のファイルなのかが分かるようにしておくべき**です。

最新ファイルがすぐ分かるファイル名の付け方

　無用な混乱を避けるためには、一定の規則に従ってファイル名を付ける必要があります。**筆者は、ファイル名に「項番号」「カテゴリ」「固有名詞」「日付情報」「バージョン No」を含めることで、フォルダー内で規則正しくファイルが整列し、新旧違いや漏れに気付くようにしています。**図解ページも併せてご覧ください。

多目的に使うファイルはショートカットを作る

　いろいろな目的で使うからといって、元のファイルをコピーしてあちこちのフォルダーに保存してはいけません。それをやると、そのうちどれが最新のファイルか分からなくなり、古いファイルを誤って更新してしまう可能性が出てくるからです。一度そのような状態に陥ると、後から整理・修正するのは至難の業です。

　そのような状態を防ぐには、**元のファイルは１つにして、必要に応じてショートカットを作成して運用するのが良い**でしょう。ショートカットのリンクが切れてしまった場合には、ショートカットを右クリック、「プロパティ」を選択して、「リンク先」欄に正しい情報を入力すれば解決できます。

　ファイル名を規則正しく付けることが、無用な情報トラブルを防ぐ第一歩になります。普段からルールに沿った情報管理を心がけるようにしましょう。

第2章

フォルダー・ファイル整理術

パソコンの中の捜し物をゼロにする！

059

最新版が一目で分かるファイル名をつける（共通）

●ファイルネーミングの法則

（項番号）.（カテゴリ名）_（固有名詞）_（暦年）_（バージョンNo）

先頭に項番号を設けることで、意図したカテゴリ順で整列させることができる

区分やカテゴリ名を設けることで、複数種類のファイルを同一フォルダー内で管理することができ、フォルダー階層を浅く保つことができる

商品名や顧客名などの固有名詞を記載

名前

📊 1.見積書_クロネコ商事様_181022

📊 1.見積書_クロネコ商事様_181023

📊 1.見積書_クロネコ商事様_181023_2

📊 2.注文書_クロネコ商事様_181023

📊 3.請求書_クロネコ商事様_181024

📁 10.Old

「Old」フォルダーには、古くなったり不要になったりしたファイルを一時保存しておき、3ヶ月等の一定期間を経て本削除するようにする

暦年を半角英数字で入力。同フォルダー内に、同種類のファイルしかない場合には、暦年を先頭に持ってきてもOK（例：181022_見積書_クロネコ商事様）

バージョンNoは「2」から始まり連番で

Section **Windows 爆速化テクニック**

15 複数のファイル名を キー操作でサクサク変更する

1〜5分 SPEED UP

注文書のファイルを50個渡すから、ファイル名に連番を付けて共有フォルダーへ置いてくれないか？

すみません。
10分後に外出する用事がありまして…。

わかった。自分でやるよ。
こっちも5分後に出なくちゃいけないんだけどな。

えっ？

意外に手間がかかるファイル名の編集

　情報整理を進めるには、一定のルールに沿ってファイル名を付ける必要がありますが、場合によっては**一度に大量のファイル名を編集**しなければならないこともあるでしょう。

　複数のファイル名を編集する場合、通常は、ファイルを選択→ F2 を押してファイル名を変更可能な状態に→ファイル名を編集→ Enter で確定→ ↑ ↓ キーで次のファイルに移動→

また F2 を押す——という作業を繰り返します。

複数のファイル名をサクサク変更する方法

　実は、通常のファイル名を変更する作業に、Tab キーを加えると、サクサクと名前変更していけるようになります。

　まず、1つ目のファイルを選択し、F2 を押してファイル名を変更します。そのまま Enter を押さずに Tab を押すと、次のファイルのファイル名を編集できるようになります。この操作を繰り返すと、Enter と ↑ ↓ キーを押す手間を省き、サクサクとファイル名を変更することができます。これだけでも随分ストレスを減らせるはずです。

複数のファイル名の末尾に一気に連番をつける

　さらに、複数のファイル名の末尾に一気に連番をつける方法も紹介しておきます。まず、連番で最後の数字を付けたいファイルから最初の数字を付けたいファイルに向かって Shift ＋ ↑ ↓ ← → キーで複数のファイルを選択します。そこで F2 を押してファイル名を変更して Enter を押すと、それぞれのファイル名の末尾に（1）（2）（3）……と連番が付与され、一瞬でリネームされます。この技は自動でコンピューターから採名されることの多い写真整理に役立つでしょう。

　ここで紹介したテクニックは情報整理を進めるときに役立ちます。ぜひマスターして、情報整理に役立ててください。

複数のファイル名をキー操作でサクサク変更する

● Tab キー操作で連続リネーム

F2 →リネーム→ Tab

F2 を押してファイル名を変更

Tab を押すと次のファイルにカーソルが移動するので、続けてファイル名を変更

● まとめて連番をつける

Shift +上下左右キーでファイル選択→ F2 →リネーム→ Enter

Shift + ↑ ↓ キーで下から上に向かって複数ファイルを選択→ F2 でファイル名を変更

Enter を押すとまとめてファイル名が変更され、末尾に連番が昇順で付与される

第2章 フォルダー・ファイル整理術 パソコンの中の捜し物をゼロにする！

Section 16 Windows 爆速化テクニック

マウスを使わず キーボード操作だけで ウィンドウを自在に動かす

1〜5分
SPEED UP

先輩のデスクトップって、いつ見てもウィンドウが整然と並んでいますよね。

細かいことを考えるのが苦手だから、全部ウィンドウズ任せだけどね。ほら、こうすれば…。

え？　いま、何をしたんですか？
マウス、触っていなかったですよね？

Windows キーとカーソルキーを押しただけだよ。

ウィンドウの移動・サイズ調節もマウスレスで

　文章を入力したり、インターネットを閲覧したりするとき

・ウィンドウを最大化・最小化したい！

・ウィンドウを左右に同じ大きさで並べて見比べたい！

・ウィンドウを動かして、隠れている部分を確認したい！

と思ったことはありませんか？

　いずれもマウスで操作するのが普通だと思いますが、実はす

べてキーボード操作だけで実現できます。

ウィンドウを画面の左右端に移動

　ウィンドウを開いた状態で ⊞ ＋ ← または ⊞ ＋ → を押すと、画面の左端または右端にピタッとくっつきます。この技は、たとえばブラウザーに表示させた情報を Excel ファイルへ入力する場合のように、2つのウィンドウを左右見比べながらする仕事で活躍してくれます。

ウィンドウの最大化・最小化・縦方向最大化

　最大化も最小化もしていない状態のウィンドウを準備します。これを「元のサイズ」と呼ぶことにします。

　この状態で ⊞ ＋ ↑ と押すと、ウィンドウを最大化できます。最大化した状態で ⊞ ＋ ↓ と押せば、元のサイズに戻せます。ウィンドウが「元のサイズ」のサイズの状態で ⊞ ＋ ↓ と押すと、ウィンドウを最小化できます。

　また、⊞ ＋ Shift ＋ ↑ を押すと、ウィンドウを縦方向にだけ最大化できます。Excel で大きな一覧表を参照するときは ⊞ ＋ ↑ で最大化するなど、作業内容によって使い分けることで、閲覧効率や作業効率を上げることができるでしょう。

背面のウィンドウをすべて最小化

　ウィンドウを複数開いている状態で、⊞ ＋ Home を押すと、背面のウィンドウがすべて最小化されます。

　もう一度 ⊞ ＋ Home を押せば、一瞬で元の状態に戻せます。複数のアプリケーションを同時に使って仕事をしているとき

には、この技を使うことで、目の前の仕事に集中できるように
なります。

ウィンドウをカーソル移動

　一瞬で左端や右端へ移動させるのではなく、マウスで移動す
るときのように、ウィンドウの位置を少しずつ移動させたい場
合には、ウィンドウが元のサイズの状態で Alt ＋ Space → M
を押すと、ウィンドウ上部に矢印マークが表示され、↑ ↓ ←
→ で移動できるようになります。この技はマウスに持ち替え
ることなく、ちょっとしたウィンドウ位置の微調整を行う場合
に、とても便利です。

ウィンドウをすべて最小化

　 ⊞ ＋ M を押すと、いま開いているすべてのウィンドウを
最小化できます。こちらは ⊞ ＋ Shift ＋ M で元の状態に戻
せます。個人情報など他人に見られたくない情報を扱っている
場合や、ミーティングやプレゼンテーションなどでデスクトッ
プを他人に見せる場面で役立ちます。

　これらの技に慣れると、マウスを使う頻度が激減し、かなり
ストレスが軽減されるはずです。

066

キー操作だけウィンドウを自在に動かす①

● ウィンドウの移動を自由自在に

元のウィンドウ

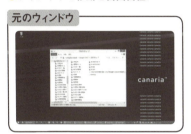

ウィンドウを画面左右端に移動

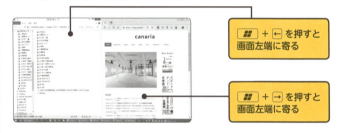

■ + ← を押すと画面左端に寄る

■ + → を押すと画面左端に寄る

ウィンドウを最大化・最小化・縦方向最大化

■ + ↑ を押すと画面いっぱいに広がる

■ + Shift + ↑ を押すと縦いっぱいに広がる

■ + ↓ を押すとウィンドウがタスクトレイに収まる

キー操作だけウィンドウを自在に動かす②

背面のウィンドウをすべて最小化

2つのウィンドウが重なっている状態

残したい方のウィンドウを選び [⊞] + [Home] を押す

一番手前にあるウィンドウ以外が最小化された

ウィンドウをカーソル移動

[Alt] + [Space] → [M]で、ウィンドウ上部に矢印マークが出現、ウィンドウを [↑] [↓] [←] [→] キーで移動させ、[Enter] で確定

Section 17 | Windows 爆速化テクニック

マウスを使わずキーボード操作だけで自在にフォルダーを開く

5〜10分
SPEED UP

あれ？ 昨晩訂正したはずのファイルが、古いデータで上書きされてしまっているみたいだぞ。

すみません。共有フォルダーの整理をしていて、操作を誤ったかもしれません。

ファイルを移動するときは、一度に多くのフォルダーを開かないこと。ウィンドウを重ねないようにね。

確かに仰るとおりですね。

やみくもにフォルダーを開かない

　ファイルを整理していると、ついフォルダーを開き過ぎて、いま進めてる作業を忘れてしまったという経験はありませんか？　やみくもにフォルダーを開いていると、注意力が低下し、混乱の原因にもなります。こうした無用な混乱を避けるために、目的に合ったフォルダーの開き方を紹介します。

選択したフォルダーを別のウィンドウで開く

エクスプローラーで任意のフォルダーを選択して Ctrl ＋ Enter を押すと、選択したフォルダーを別のウィンドウで開くことができます。あるフォルダーから、その中にあるサブフォルダーへデータを移動させるときなどに使える技です。

開いているフォルダーを別のウィンドウで開く

エクスプローラーで任意のフォルダーを開いた状態で、Ctrl ＋ N を押すと、いま開いているフォルダーを別のウィンドウで改めて開くことができます。

あるフォルダーから、そのフォルダーを含む上位フォルダーへデータを移動させるときなどに使える技です。

開いているウィンドウのサイズを調整する

Alt ＋ Space → S と押すと、ウィンドウの中央に十字型のカーソルが表示され、カーソルキー（↑ ↓ ← →）でウィンドウサイズを変更できるようになります。

筆者はエクスプローラーのほか、Web ブラウザー、アプリケーションのウィンドウサイズも、この技を使って変更します。

作業の目的に応じた、フォルダーの開き方やウィンドウサイズの調整方法に慣れることで、めんどうな情報整理がラクになるとともに、文字通り「パソコンを操っている」という感覚で仕事に臨めるでしょう。

超便利なフォルダーの開き方いろいろ

●フォルダーの開き方・サイズ調整

元のウィンドウ

Ctrl + N

開いているフォルダーと同じフォルダーが開く

フォルダーを選んで Ctrl + Enter

選択フォルダーの中身が別ウィンドウで開く

Alt + Space → S

フォルダー中央に矢印マークが出現、↑ ↓ ← → キーでウィンドウサイズを調整

第2章 フォルダー・ファイル整理術 パソコンの中の捜し物をゼロにする！

Section **18** Windows 爆速化テクニック

ファイル・フォルダーの三要素「場所・数・サイズ」を一瞬で把握する

1〜5分
SPEED UP

共有フォルダーに訪問先データを入れてあるんだが、ファイル数とデータサイズをメールしてくれないか。

どれくらいの数、入っているんでしょうか？

1日あたり5〜10件で10営業日分だから、ファイル数は50〜100くらいじゃないかな？

分かりました（また、無茶いうなぁ）。

場所、数、サイズで作業を見積る

　パソコンを使う人は恐らく毎日使うであろうエクスプローラー。一見地味に思えますが、エクスプローラーをうまく扱えると、情報の共有や把握がスムーズになり、仕事の生産性が飛躍的に上がります。

　ここでは、エクスプローラーの代表的なショートカットキーを3つ紹介します。

アドレスバーに一気に飛ぶ

エクスプローラーを開いた状態で Alt + D を押すと、カーソルをアドレスバーに移動させ、フォルダーの住所を表すパス情報が選択された状態になります。この状態で Ctrl + C でパス情報をコピーし、メールやメッセンジャーに貼り付けて送ると、受信者は次のアクションを起こしやすくなります。チームで情報の保存場所を共有する場合に役立つ技です。

目的のファイルやフォルダーに一気に飛ぶ

ファイル名やフォルダー名の先頭に半角英数字を添えておくと、キーボードで英数字を押すだけで、目的のファイルやフォルダーを選択できるようになります。1つのフォルダー内に多くのファイルやフォルダーを保存している場合、ファイルやフォルダーへのアクセススピードを劇的に短縮できます。

プロパティ画面を一瞬で開く

ファイルやフォルダーについて何か調べたいことがあれば、プロパティ画面を見ればだいたい解決します。

調べたいファイルやフォルダーを選択した状態で、 Alt + Enter を押すと、プロパティ画面を一瞬で開くことができます。場所やサイズ、フォルダーであればその内容を調べたい場合に、この技はとても有効です。

ここで紹介した技は、いずれも派手さはありませんが、利用頻度が高いため、業務時間の短縮に必ず役立ちます。覚えておいて損がない技といえるでしょう。

場所・数・サイズを一瞬で把握する

●フォルダー内のカーソル移動

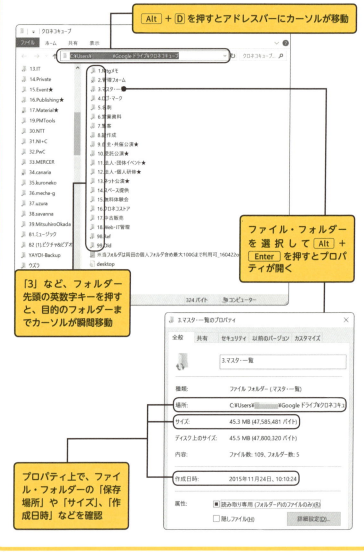

Alt + D を押すとアドレスバーにカーソルが移動

ファイル・フォルダーを選択して Alt + Enter を押すとプロパティが開く

「3」など、フォルダー先頭の英数字キーを押すと、目的のフォルダーまでカーソルが瞬間移動

プロパティ上で、ファイル・フォルダーの「保存場所」や「サイズ」、「作成日時」などを確認

Section 19 **Windows 爆速化テクニック**

Open-Shell-Menu で使い慣れたスタートメニューに変更する

5〜10分
SPEED UP

どうだい。新しいパソコンには慣れたかい？

いいえ。Windows 10 になかなか慣れることができなくて…。

自分も同じだよ。「Open-Shell-Menu」というアプリを入れてしのいでいるよ。

なんか便利そうですね。くわしく聞かせてください！
（そうか、先輩も慣れないなんてことがあるのか）

自分を合わせるだけが仕事じゃない

　いろいろなご意見があると思いますが、私は Windows 8 が登場したときに、それまでの Windows 7 のユーザーインターフェースとのあまりの違いにずいぶん戸惑いました。それまで積み上げてきた手元の技術がゼロに戻されるのは、かなりの痛手だと思ったからです。

　「何とかできないものか」と思い、調査を進めてみると、

「**Open-Shell-Menu**」という Windows 8 以降のユーザーインターフェースを、使い慣れた Windows 7 や Windows XP に似たスタイルに変更できるツールを発見しました。しかも無料で使えます。**Open-Shell-Menu は、主にスタートメニューの見た目、スタートメニューに表示される項目をカスタマイズする目的で使います。**ここではインストールから初期設定の方法までを紹介したいと思います。

Open-Shell-Menuの概要

項目	内容
名前	Open-Shell-Menu
バージョン	4.4.131（※ 2018/9/29 リリース）
対象 OS	Windows 7/8/8.1/10
開発者	coddec 氏ほか
公式 HP	https://open-shell.github.io/Open-Shell-Menu/
価格	無償

Open-Shell-Menuのインストールと初期設定

次のサイトをブラウザーで開き、最新バージョン（執筆時点では OpenShellSetup_4_4_131.exe）をダウンロードしてインストールします。

https://github.com/Open-Shell/Open-Shell-Menu/releases

Open-Shell-Menu は「Classic Shell」というツールを元に開発されており、正式にサポートされていないものの Classic Shell 用の言語ファイルを使うことで、メニューなどを日本語

表示に変更できます。次のページから日本語用の言語ファイル
「ja-JP.DLL」をダウンロードしてください。

http://www.classicshell.net/translations/

　ダウンロードした「ja-JP.DLL」を、Open-Shell-Menu のイ
ンストール先フォルダー内（通常は「C:¥Program Files¥Open-
Shell」）に配置します。

　続いて、Open-Shell-Menu に言語ファイルを認識させます。
スタートボタン上で右クリックして「Settings」を選択→「設定」
画面上部の「Show all settings」を選択→「Language」タブを
選択→「ja-JP - 日本語（日本）」を選択→「OK」をクリックし
ます。

　すると、Open-Shell-Menu の再起動を求めるダイアログが
表示されるので「OK」をクリックしてください。**スタートボ
タン上で右クリックして表示されるメニューから「Exit」を選
択すると Open-Shell-Menu を終了できます。**

スタートメニューの設定

　スタートメニューから「Open-Shell」→「Open-Shell Menu
Settings」を選択して Open-Shell-Menu の設定画面を開き、設
定画面上部の「全ての設定を表示する」をオンにします。

　「スタートメニューの様式」タブでは、表示させたいスター
トメニューのスタイルを選択できます（ちなみに、筆者は
Windows 7 スタイルを愛用しています）。

　「スタートメニューのカスタマイズ」タブでは、表示させる
メニュー項目を細かく選択することができます。メニュー項目

第2章

フォルダー・ファイル整理術

パソコンの中の捜し物をゼロにする！

077

を選択したときに、サブメニューとして展開するか、リンクとして機能させるかといったスタートメニューの動作も制御できます。

「**スキン**」**タブ**ではスキン（視覚的な装飾）を好みのものに変更できます。メタリック調にしたり、半透明にしてデスクトップのアイコンが透けて見えるようにしたりすることができます。

設定が済んだら「OK」ボタンを押して変更を保存し設定画面を閉じます。

いつものスタートメニューを使う

<mark>　Shift ＋ ⊞ を押すと、（Open-Shell-Menu を起動したまま）いつも使っているスタートメニューに切り替えることができます。</mark>

Open-Shell-Menu を終了したい場合は、スタートを右クリックして表示されるメニューで「終了」を選択してください。これで Windows を終了するまで、いつものスタートメニューを使えます。Open-Shell-Menu はスタートアップアプリケーションとして登録されるため、Windows が起動するときに自動的に起動します。

<mark>　ソフトメーカーの都合で、せっかく覚えた技術資産を捨ててしまうのは「もったいない」</mark>ので、Open-Shell-Menu を使って可能な限り技術継承してみてもらえればと思います。

078

Open-Shell-Menuで使い慣れたスタートメニューに①

●インストール（本体＋日本語化）

最新版をダウンロード＆インストール

●スタートメニューの様式タブ

筆者は Windows7 スタイルを使用

Open-Shell-Menuで使い慣れたスタートメニューに②

●スタートメニューのカスタマイズタブ設定

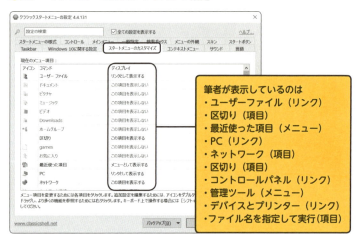

筆者が表示しているのは
・ユーザーファイル（リンク）
・区切り（項目）
・最近使った項目（メニュー）
・PC（リンク）
・ネットワーク（項目）
・区切り（項目）
・コントロールパネル（リンク）
・管理ツール（メニュー）
・デバイスとプリンター（リンク）
・ファイル名を指定して実行（項目）

●スキンタブ

筆者は「スキンなし」を選択

Section 20

Windows 爆速化テクニック

よく使うファイルをスタートメニューに登録してキー操作でアクセスする

1～5分
SPEED UP

毎日使うファイルって、フォルダーの奥底に保存してしまうと不便じゃないですか？

そういうときは、スタートメニューに登録しておくとすぐ開けて便利だぞ。

あ！ それはいいですね。探さなくて済むし、デスクトップも散らかりませんね。ありがとうございます。

あれも、これもと入れるのではなく、よく選んでスタートメニューに登録した方が良いよ。

デスクトップにはモノを置かない

　行き当たりばったりでファイルを保存していると、そのうち自分でも、どこに保存したのか忘れてしまいます。あるいは、フォルダー階層の深いところに保存してしまい、探すのに毎回時間がかかるといった経験はありませんか？

　そうならないようにするためにも、毎日使うファイルはでき

第2章　フォルダー・ファイル整理術　パソコンの中の捜し物をゼロにする！

るだけ開きやすい場所に保存しておきたいものです。とはいえ、デスクトップに保存するのは、社外でプレゼンを行うことなどを考えると好ましくないでしょうし、メモリを圧迫してパソコン動作を遅くする原因にもなります。

毎日使うデータをスタートメニューで一元管理

そこでお勧めしたいのが、スタートメニューでファイルを一元管理する方法です。Open-Shell-Menu を使って Windows 7 のようなシンプルなスタートメニューを利用する方法を Section 19 で紹介しましたが、スタートメニューによく使うファイルやフォルダーを登録しておけば、キー操作だけで目的の情報まで瞬時にたどりつけるようになります。

また、デスクトップにファイルを置かなくて済むので、自然と情報を整理する習慣が身につくことでしょう。

登録方法はかんたんです。 ⊞ キーでスタートメニューを開き、登録したいファイルやフォルダーのショートカットをそちらにドラッグ＆ドロップするだけです。

筆者は、進行中のプロジェクトの管理フォルダーや、名簿ファイルを登録しています。

登録したものを利用するには、 ⊞ キーでスタートメニューを開き、 ↑ ↓ キーで目的のフォルダーやファイルを選択して Enter を押すだけです。

日常よく使う情報を吟味して登録しておくと、いざという時に素早く情報にリーチできますし、デスクトップにもファイルを置かなくて済むので、かなりお勧めの技です。

毎日使うデータはスタートメニューで一元管理

● スタートメニューを使った整理

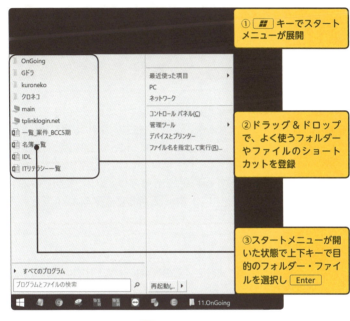

① ⊞ キーでスタートメニューが展開

② ドラッグ＆ドロップで、よく使うフォルダーやファイルのショートカットを登録

③ スタートメニューが開いた状態で上下キーで目的のフォルダー・ファイルを選択し Enter

デスクトップがスッキリと。メモリ消費を抑えてパソコン動作も速くなる

第2章 フォルダー・ファイル整理術　パソコンの中の捜し物をゼロにする！

Section 21 ｜ Windows 爆速化テクニック

マウスを使わずに複数のウィンドウを迷わず瞬時に切り替える

1〜5分 SPEED UP

複数のファイルを同時に開いて仕事をしていると、頭が混乱しませんか？ マウスも思い通りに使えないし。

キーボードでも手前に表示するウィンドウを切り替えられるよ。[Alt] + [Tab] と押してごらん。

これは便利ですね。
パソコンで資料を読むのが楽になりそうです。

そうだな。紙に印刷すれば、読むのは楽になる。
しかし、コストがかかるし、資源のムダ使いだ。

マウス操作はストレスを生む？

同時に複数のファイルを扱っていて途中で割り込みがあった場合などに、それまでの作業内容を忘れてしまったり、誤って異なるファイルを更新してしまったりといった苦い経験をしたことはありませんか？

ショートカットキーで問題解決

　このような事故を防ぐためにお勧めしたいのが、ショートカットキーを使ってファイルやアプリを瞬時に切り替える技です。マウス操作でファイルやアプリを切り替えようとすると、どうしてもポインターを移動するのに時間がかかります。

　しかし、ショートカットキーを使えば、ポインターを動かすことなく切り替えられるため、混乱防止に役立つのです。

　複数のファイルを同時に扱えるようになると、仕事の効率が格段にアップし、複数の情報ソースを融合した質の高いアウトプットが生まれやすくなります。さらに、パソコンの画面でさまざまな情報を参照できるようになりますから、印刷の必要性が薄れ、ペーパーレス化の促進にもつながります。ここでは、ファイルやアプリの切り替え技を5つ紹介します。

① Alt ＋ Tab

　Alt キーを押したままの状態で、Tab を何度か押すことで、ファイルやアプリを選択できます。多くのファイルを開いている場合に、開いているファイルやアプリをサムネールで確認できるので便利です。筆者も重宝しています。

② ⊞ ＋ Tab

　タスクビューが開き、いったん指を離した状態でも、↑ ↓ ← → でアクティブにしたいファイルやアプリを選択できます。いま開いているファイルやアプリの全体像をつかんでから選択するのに使える技です。

第2章

フォルダー・ファイル整理術

パソコンの中の捜し物をゼロにする！

085

③ [Alt] ＋ [Esc]

選択画面なしにファイルやアプリを切り替える方法です。

開いているファイルやアプリの数が比較的少ない場合に、有効な技です。

④ [Ctrl] ＋ [F6]

同一アプリ間でファイルを切り替える方法です。複数のアプリを開いている状態で、特定のアプリ（たとえば Excel）のファイルだけを切り替えて作業したい場合に使える技です。

⑤ [■■] ＋ [D]

開いているすべてのファイルやアプリを最小化します。もう一度 [■■] ＋ [D] を押すと元の状態に戻れます。

多くのファイルやアプリを開いた状態から抜け出して、デスクトップに立ち返りたい場合に使える技です。頭が混乱しそうになったら、この方法でデスクトップに立ち返ると、気持ちが落ち着きます。筆者もたいへん重宝しています。

これらの操作に慣れてくると、やがてパソコンの画面上だけですべての仕事が完結できるようになります。その結果、間接コストや間接時間が激減するはずです。

ぜひ、お手元のパソコンで試してみてください！

複数のファイル・アプリを瞬時に切り替える①

●ファイル・アプリの選択画面　　`Alt` + `Tab`

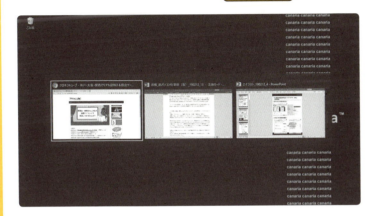

●タスクビュー画面　　`⊞` + `Tab`

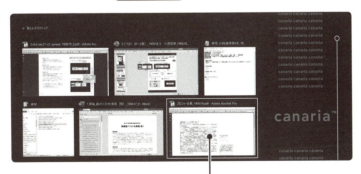

ファイル・アプリケーションが
`↑` `↓` `←` `→` キーで選択可能に

第2章　フォルダー・ファイル整理術　パソコンの中の捜し物をゼロにする！

複数のファイル・アプリを瞬時に切り替える②

● 異種ファイル

● 同種ファイル

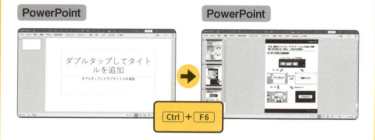

● デスクトップ

Section 22　Chrome活用テクニック

手元に貯めない！ブラウザーのブックマークを使った情報管理術

1～5分
SPEED UP

このあいだ教えてくれたパワポの雛形、今度の会議で使いたいんだが、用意してくれないか？

わかりました。あれ？　どこに保存したっけかな？

ネットで見つけたと言っていたが保存していたのか。ブラウザーでブックマークした方が探すときに楽だぞ。

なるほど！　それなら探さずに済みますね。保存の手間も省けて一石二鳥ですね。

情報の保存・管理にブラウザーを使おう

　Officeアプリで作成した文書は、パソコンのフォルダーに保存・管理するのが一般的だと思いますが、近年は多くの情報をインターネットから得ており、その情報をどのように保存・管理するかは、いまだ人や会社によってまちまちのようです。

　これまで、筆者は、ネットで有用な情報を見つけたら、URLをExcelに記録して一覧表を作成したり、サイト自体のショー

トカットを作ってフォルダー保存したりするなどして管理していました。しかし、現在は**できるだけブラウザー（本書ではGoogle Chrome の使用を前提としています）のブックマーク（Internet Explorer では「お気に入り」）で管理するスタイル**に変えています。

　Chrome の「ブックマーク」に役に立ちそうなサイトの URL を保存し、パソコンのディスク容量を圧迫することなく、必要に応じて活用しやすくなります。しかも**ブックマークはクラウドを使って同期できますから、パソコンとスマホなど、デバイスを超えて一元管理できる**メリットも生まれます。

　ここではブラウザーを使った情報管理に役立つ技を紹介します。

ブックマークに登録する
（ Ctrl ＋ D ）

　いま見ているサイトを瞬時に「ブックマーク」に登録するには Ctrl ＋ D を押します。この技を覚えておくと、気になったサイトをどんどんブックマークに登録していけるようになります。

ブックマークバーの表示
（ Ctrl ＋ Shift ＋ B / F6 を2回）

　 Ctrl ＋ Shift ＋ B を押すとブックマークバーを表示・非表示させることができます。プレゼンの際に聴衆の目に触れないようにする目的で使います。

　ブックマークバーが表示されている状態で F6 を 3 回押す

と、ブックマークバーの一番左のブックマークがアクティブになり、←→キーでブックマークを選択できるようになります。ブックマークマネージャーの表示ブックマークを選ぶときのマウス操作が意外とストレスを生むため、筆者はこの技を重用しています。

ブックマークマネージャーの表示
（Ctrl ＋ Shift ＋O）

Ctrl ＋ Shift ＋O を押すと、新しいタブが開き「ブックマークマネージャー」が表示されます。

この技を使うとブックマークが展開表示されるので、目的のサイトを見つけやすくなります。また、保存したブックマークを整理するのにたいへん便利です。

ブックマークのバックアップ

万が一に備えてブックマークをバックアップするには、「ブックマークマネージャー」画面の右上に配置されている「管理」ボタンより「ブックマークのエクスポート」を選択します。バックアップから復元したい場合は、「ブックマークのインポート」を選択して「開く」を押します。

パソコンを買い替える際にブックマークを移行したり、チームで基本的なブックマークを共有したりする際にも役立ちます。ファイルやフォルダーを中心としたローカルな情報管理から、ブラウザーを中心としたクラウドな情報管理へ移行していくことで、場所や物理的な端末に依存しない、身軽で効率的な情報活用が可能になるでしょう。

第2章

フォルダー・ファイル整理術 パソコンの中の捜し物をゼロにする！

091

情報管理にブラウザーのブックマークを活用する

●ブックマークの活用

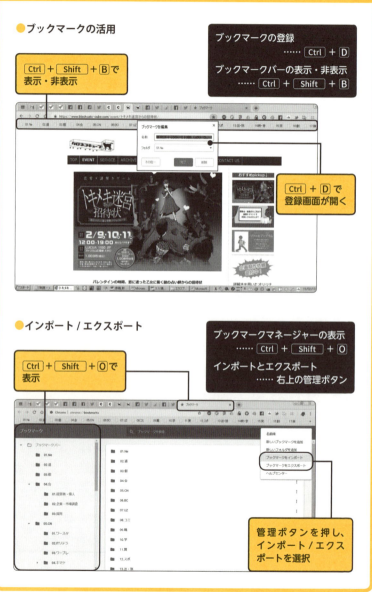

Ctrl + Shift + B で表示・非表示

ブックマークの登録
…… Ctrl + D

ブックマークバーの表示・非表示
…… Ctrl + Shift + B

Ctrl + D で登録画面が開く

●インポート/エクスポート

ブックマークマネージャーの表示
…… Ctrl + Shift + O

インポートとエクスポート
…… 右上の管理ボタン

Ctrl + Shift + O で表示

管理ボタンを押し、インポート/エクスポートを選択

092

第 **3** 章

資料作成術

マウスを使わず
爆速で
作りあげる！

パソコンを使う仕事のほとんどは、ある種の資料作成ではないでしょうか。資料作りは、考える、入力する、見た目を整える、共有するという小さなタスクでできています。考える時間は短縮できませんが、その他のタスクを効率化してパソコン仕事にかける時間を圧縮しましょう！

Section 23

Windows 爆速化テクニック

ショートカットキーに最適化！仕事が速い人が実践しているキーボードへの手の置き方

1〜5分
SPEED UP

タイピングは遅くないと思うんですけど、なぜか効率が上がらないんですよね……。

ショートカットキーを頻繁に使うときは、両手をキーボードの縁に置くようにしてごらん。

あ、本当だ！
手の置き方一つでこんなに変わるんですね。

タイピングもスポーツと同じ。
フォームが悪いと100％の力を発揮できないんだ。

スマートなキー操作に憧れて

　キーボードを小気味よくタイピングしているのに、なぜか仕事が遅い人がいます。大手通信企業から外資系コンサルティング会社に転職してすぐのころの筆者がそうでした。前職でそれなり手を動かす経験を積んだつもりでしたが、はじめて配属されたプロジェクトで出会った女性コンサルタント（入社一年目）

の素早い手さばきに衝撃を受けました。彼女は一切マウスを使うことなく、ほぼショートカットキーだけでパソコンを操っていたのです。キーボード操作音はほとんど聞こえませんでした。あるとき、あまりに静かだったので、ふと画面を覗き込むと、もの凄いスピードで画面を切り替えながら仕事に集中している様子を目の当たりにし、心底驚いたことを覚えています。

指の配置をショーカットキー利用に最適化

それ以来、一日でも早く周りの人たちに追いつきたいと思い、毎日こつこつと技の習得に励みました。すると、やがて最も効率的にショートカットキーを繰り出せる「キーボードへの手の置き方」がわかってきました。文章を入力する場合の置き方とは異なり、両手をキーボードの両側のフチに置くのです。具体的には、左手は Alt と Tab と Shift 、右手は ↑ ↓ ← → か、Ctrl と Enter キーの位置に置いておくと、あらゆる状況に柔軟に対応できるようになります。

左手	右手	用途
Shift Ctrl	↑ ↓ ← →	選択・カーソル移動
C V D R	Ctrl	各種コピー・貼り付け
F6	Ctrl	同種ファイル切り替え
Esc	Ctrl + Shift	タスクマネージャー

ほかにも入力内容や操作目的によって、最も効率的な手の置き方があると思うので、ぜひ工夫してみてください。ちょうどピアノを弾くような感覚で、指の使い方にまでこだわると、さらにスピードアップを図れることでしょう。

第3章
資料作成術
マウスを使わず爆速で作りあげる！

095

ショートカットキーに適した場所に手を置く

●両手ポジション
Officeアプリや効率的に業務行う場合など

■よく使うキー：
Esc 、 Tab 、 Shift 、 Ctrl 、 Fn 、 ⊞ 、アプリケーション、 Del 、 Enter 、カーソルキー

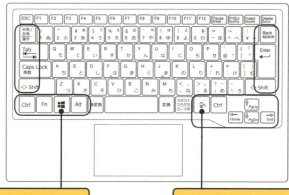

多彩な機能を実現する ⊞ キー

右クリックと同等の機能を持つアプリケーションキー

●片手ポジション
描画ソフトやネットサーフ、考え事をする場合など

■よく使うキー：
タッチパッド、左ボタン、右ボタン

タッピングもしくはボタン機能＋マウスホイール機能

Section **Windows 爆速化テクニック**

24 どんなアプリも一発起動！よく使うアプリをタスクバーからショートカット起動する

1〜5分
SPEED UP

毎回アプリケーションをスタートメニューから開くのって面倒じゃありませんか？

よく使うアプリは、タスクバーに登録しておくと良いよ。

それもやっているんですが、スタートメニューとあまり手間が変わらない気がするんですよね。

キーボードで ⊞ + 1 と押してごらん。

タスクバーのアプリを最速で起動する

　筆者はせっかちです。ROMカセットの応答速度に慣れたファ〇コン世代の人間は、ネット接続やドライブアクセスの数秒すら待てないのです（ファ〇コン世代の方ごめんなさい）。

　そんな話はさておき、筆者はパソコンでも使いたいと思ったアプリは、最短で開きたいと思っています。しかし、一方でアプリのショートカットをデスクトップに置くのは、情報管理の観点から好ましくないとも思っています。

筆者は、**利用頻度の高いアプリのショートカットをタスクバーへ登録する**ことにしています。タスクバーへ登録しておけば、キーボード操作だけでアプリを一発起動できるからです。

たとえば、**タスクバーの左端に登録したアプリを起動させるには、⊞ ＋ ① を押します**。一つ右側のアプリは ⊞ ＋ ② で起動できます。

また、**⊞ ＋ Ｔ を押した後、↑ ↓ ← → キーでアプリを選択して起動することもできます**。タスクバー上に 10 個以上のアプリが並んでいる場合や、同一アプリで複数のファイルを開いている場合などに使うと便利です。

筆者は、タスクバーの左端から、利用頻度順にメモ帳、ブラウザー、Snipping Tool、Google ドライブ、会計ソフトの順で登録しています。仕事の傾向を踏まえて、アプリの並びを決めると良いでしょう。

タスクバーに登録しきれない場合や、タスクバーにアイコンを置きたくない場合には、アプリ個々のプロパティに設定し、ランチャー起動させることもできます。設定は、「スタート」メニューから、ランチャー起動させたいアプリを選び、右クリックして「プロパティ」を開きます。その後ショートカットキー欄に任意の文字を入力して「適用」または「OK」を押せば完了です。登録後は、Ctrl ＋ Alt を押しながら登録した文字を入力すれば、一発起動できます。

アプリの起動にかける手間や時間を減らすことで、日々の作業効率が変わるはずです。お金をかけずにかんたんに実行できる技ですから、ぜひ試してみてください。

よく使うアプリは一発起動させる①

●タスクバー登録手順

アプリのショートカットを、タスクバーの好きな位置にドラッグ＆ドロップして登録する

●起動手順

1 数字キーで指定する方法：
　　■ +（タスクバー番号）

2 上下左右キーで指定する方法：
　　■ + T →上下左右下キーで選択→ Enter

10個目までは ■ + 数字キー

11個目からは ■ + T →上下左右キー

よく使うアプリは一発起動させる②

● **プロパティ登録手順**

スタート→すべてのプログラム→ランチャー→起動させたいアプリを選択→右クリックでプロパティ→「ショートカットキー」に任意の半角英字1文字を入力→OK

1文字入力すれば、Ctrl + Alt 部分は自動入力される

起動手順：
Ctrl + Alt +任意設定したキーを押せばアプリが一発起動

（参考）お勧めアプリと任意キー例	
メモ帳	Ctrl + Alt + M
PowerPoint	Ctrl + Alt + P
Excel	Ctrl + Alt + E
Word	Ctrl + Alt + W
Internet Explorer	Ctrl + Alt + I
Chrome	Ctrl + Alt + C
ペイント	Ctrl + Shift + P

ペイントのように他と頭文字が重なる場合は、Ctrl + Shift を押しながら任意の文字を入力

Section | Windows 爆速化テクニック

25 脱・パソコン迷子！混乱したらエクスプローラーを瞬間起動して俯瞰する

1〜5分
SPEED UP

複数のフォルダーを移動しながら、たくさんのファイルを扱っているとミスをしないか不安になりますよね。

そんなときは手を休めて、エクスプローラーのツリービューでコンピューターの中を見渡してごらん。

確かに。これなら、自分がいまどのフォルダーを開いているか一目瞭然ですね。

物事の全体が見えれば、たいてい不安は解消できる。仕事もパソコンもそれは同じだ。

パソコン仕事で混乱してしまったら

パソコンを使ってできる作業は、

- ビジネス文書の作成
- 写真加工
- 動画編集

など、多岐に渡ります。仕事中、**いくつものフォルダーを開いているると、ときどき自分が何をしているのかわからなくなってしまう**ことがありませんか？

そんなときは、まずエクスプローラーに立ち戻ってみることをお勧めします。**エクスプローラーは ⊞ ＋ E を押せば、一瞬で開けます。**エクスプローラーを開くと、

・文書
・写真
・動画
・音楽

など、成果物の作成に必要なファイルを網羅的に保存されており、全体像や階層を意識しながら目的の情報までたどり着きやすくなります。

また、フォルダーの構造を俯瞰できるため、ファイルの保存場所を検討する場合にも役立ちます。

ファイルやフォルダーは、検索機能やデスクトップツールを使って見つけることもできますが、それらに頼りすぎると、フォルダーの構造を意識する機会が失われ、情報整理に必要な構造化の思考が身につかなくなってしまう懸念があります。

エクスプローラーから階層を意識しながら見つけるか、機能やツールを使って見つけるかは、状況に応じた使い分けが必要になってくることでしょう。

混乱したらエクスプローラーに立ち戻る

● エクスプローラーで全体を俯瞰する

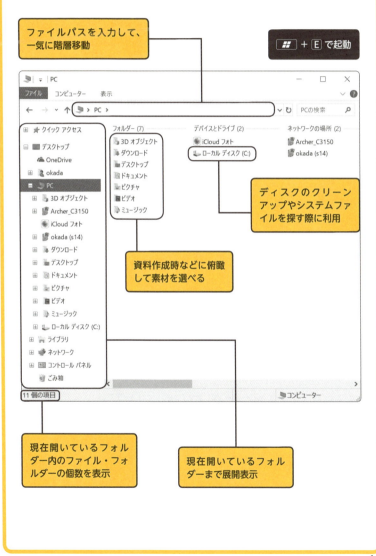

Section **26** Windows 爆速化テクニック

リアルの仕事机を再現！デスクトップを一時保存場所として有効活用する

1〜5分
SPEED UP

作業の途中で、一時的なファイルを作ることってありますよね。どこに保存したらいいんですか？

デスクトップをお勧めするよ。他のフォルダーとちがって、デスクトップならキー操作で一瞬で開けるし。

なるほど。ウィンドウがいくつ開いていても、⊞＋ D でデスクトップに戻れるんですね。

その通りだ。でも、その前に、散らかっているデスクトップをもう少し整理しないとな。

あれ？　いまどこに保存したっけ？

　異なる場所に保存された複数のファイルを開いて作業をしているうちに、どのファイルが、どこに保存されていたファイルだったかと混乱してしまう——そんな経験はありませんか？

　筆者には、時間をかけて作成したファイルを、適当な場所に保存してしまい、見失ってしまった経験があります。

このような**トラブルを防ぎながら、ファイルの保存場所についての迷いをなくすには、ファイルをデスクトップに一時保存する**のが、最もかんたんで効果的な方法です。

デスクトップは一時保存の場所

デスクトップを一時保存の場所として決めておけば、複数のアプリを開いている状態でも、 ⊞ ＋ D を押すだけで、**瞬時にデスクトップを開くことができる**ので、作業効率が格段に上がるはずです。

一方で、保存場所としてデスクトップを多用すると、チームメンバー間での情報共有や、個人の情報整理を怠ってしまうという懸念が生じます。

筆者は、ルールに則り几帳面に管理している人、なりゆき任せで自分でもどこに何を保存したか忘れてしまっている人など、さまざまな人を見てきました。

筆者は、デスクトップには一切ファイルを置かず、その都度タスクに必要なファイルを分類・保存して利用しています。そうすることで、いま自分が何をしているのか、これから何に集中すべきかが瞬時にわかるようになります。

ショートカットキーを使って、何かあれば瞬時にデスクトップに立ち返るクセをつけておけば、作業途中で混乱することなく、よりスマートに仕事ができるようになるはずです。

第3章

資料作成術

マウスを使わず爆速で作りあげる！

105

デスクトップを一時保存場所として活用する

●デスクトップ画面

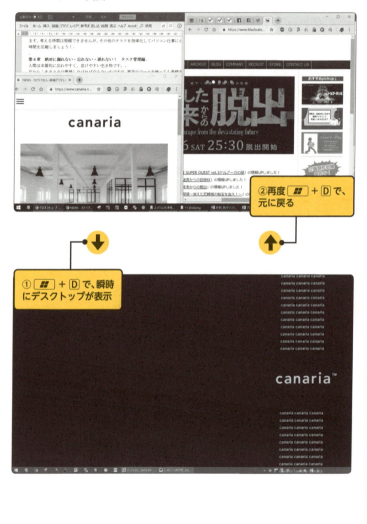

Section **Windows 爆速化テクニック**

27 作業前にフォルダーの中身を最新にする習慣を身につけて関係悪化を未然に防ぐ

1～5分
SPEED UP

すみません。先ほど共有フォルダーに保存していただいたファイル、見当たらないんですが……。

いや、保存してあるよ。すまないが、F5 を押してフォルダーの表示を更新してみてくれないか？

あっ、すみません。見つかりました。
こういうことって、よくあるんですか？

たまに起こるから、お互いに気をつけよう。こういうやりとりにかかる時間が一番もったいないからな。

入れた→見つからないを防止する

　共有フォルダーや、ファイルサーバーを設置してチーム内で情報共有をしていると、**ある人が保存したはずのファイルが、他の人が見たときに見当たらないという小さな行き違いが起こる**ことがあります。どちらにも悪気はないのですが、関係悪化につながる可能性があるため、こういった状況は避けたいとこ

ろです。

　この問題は、エクスプローラーの表示を「最新の状態に更新」すれば解決できます。「最新の状態に更新」する方法はかんたんです。`Ctrl`＋`R`または`F5`を押すだけです。「最新の状態に更新」すると、フォルダーの優先項目の並び順ルールに沿ってファイルが並び直され、最新の状態になります。

　共有フォルダーやファイルサーバーの利用者が、こまめに「最新の状態に更新」することを習慣化すれば、上記のような問題は、ほとんど起こらないはずです。大げさな対策を講じるのではなく、「見られなかったら`F5`を押してね」と声掛けし合うなど、できることから始めてみると良いでしょう。

`Ctrl`＋`R`／`F5`はブラウザーでも使える

　ちなみに**「最新の状態に更新」は、エクスプローラーだけでなく、ブラウザーでも利用することができます。**

　表示が遅かったり、情報が正しく表示されていなかったりする場合に実行してみましょう。

　せっかちな筆者は、Web担当者とのあいだで「あれ？　修正が反映されてないよ」「一度更新してみてください」「ごめん、修正されてた」といったやりとりを頻繁に繰り返していました。さすがに呆れられていたかもしれません（恥）。反省していまでは改善されているはずです。

　誤解やトラブルが生まれる前に、フォルダーやブラウザー表示を「最新の状態に更新」することを習慣化しましょう。

作業前にフォルダーの中身を最新にする

● フォルダーの更新　　Ctrl + R または F5

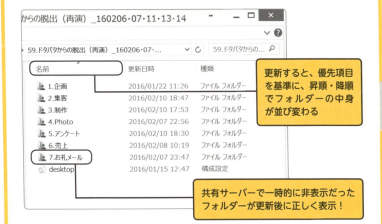

更新すると、優先項目を基準に、昇順・降順でフォルダーの中身が並び変わる

共有サーバーで一時的に非表示だったフォルダーが更新後に正しく表示！

● Webページの更新　　Ctrl + R または F5

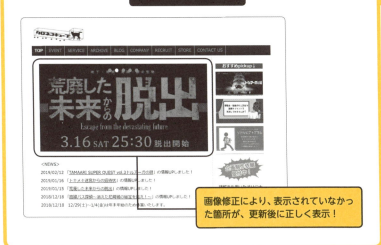

画像修正により、表示されていなかった箇所が、更新後に正しく表示！

第3章　資料作成術　マウスを使わず爆速で作りあげる！

Section 28

Windows 爆速化テクニック

爆速で保存場所を共有する ファイルパス・フォルダーパス 活用術

5〜10分
SPEED UP

すみません、遅くなりました。遅刻届の雛形って、サーバーのどこに保存されているんでしたっけ？

いまパスを送るから Cortana の「ここに入力して検索」に貼り付けて Enter を押してごらん。

ありがとうございます。助かりました！

なんでもパソコンで済むのは便利だけど、遅刻の理由は、きちんと口頭でも報告しようね。

ファイルの場所を爆速で共有する技

　バックオフィス業務の効率化を支援してくれるグループウェアが発達した現代でも、多くの職場では、いまだに情報やデータのありかに関する質疑が飛び交っています。

　そして、その質疑の大半は、口頭を中心とするアナログ手段で行われるため、目的の情報に至るまでに「あそこにあります」「そこではありません」などと、質疑が繰り返される場合が少

なくありません。

　このように煩雑かつ生産性の低いコミュニケーションを減らして、よりスムーズに情報のありかを共有するのに良い方法があります。それは Windows の標準機能である「ファイル名を指定して実行」を使うことです。具体的には、「¥¥main¥2. Sales に入ってます」というように、具体的な情報が保存されている場所（パス）を共有するとよいでしょう。

　パスを受け取った側は、[⊞] + [R] で「ファイル名を指定して実行」を開き、そこにパスを貼り付けて「OK」を押せば、一気に保存先のフォルダーを開けます。パスにファイル名＋拡張子まで含めて入力すれば、ネットワーク越しでもファイルを直接開くことができます。

　「ファイル名を指定して実行」は、ファイルやフォルダーのほかにも、Web サイトや Windows プログラムを開くこともできるので、大変便利です。

　ちなみに同様の機能はスタートメニューから「プログラムとファイルの検索」（Open-Shell-Menu を実行している場合）を選んでも実行することができます。共有されたパスや履歴から開く対象を選択したい場合は「ファイル名を指定して実行」、アプリケーション名やプログラム名を指定して開きたい場合には「プログラムとファイルの検索」といった形で使い分けるといいでしょう。

　ここで紹介した機能をうまく活用すれば、他人との情報共有が円滑になり、最速で目的情報まで到達できるようになるなど、生産性が劇的に改善されるはずです。

第3章

資料作成術

マウスを使わず爆速で作りあげる！

111

ファイルパスを使って最速で情報を共有・到達する

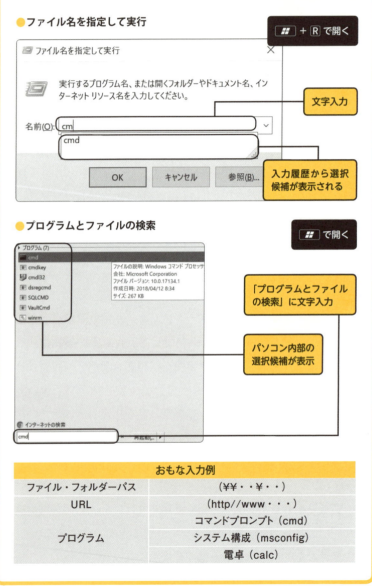

Section 29 | Windows 爆速化テクニック

マウスレスワークへの第一歩！右クリックをキーボードで行う2つの方法

1〜5分
SPEED UP

右クリックって面倒くさいですよね。マウスに持ち替えるとき、どうしてもモタつくんですよね。

君が使っているキーボードなら、マウスに持ち替えなくても大丈夫だよ。 ≡ を押してごらん。

これならキーボード操作のテンポを落とさなくて済みますね。ありがとうございます！

まちがって ≡ を押してしまったら、 Esc キーで元に戻れるよ。

右クリックもキーボードで効率化

　マウスとキーボードには、それぞれの良さや適した用途があります。大まかにはクリエイティブ系の制作アプリはマウス、ビジネス系の Office アプリはキーボードといった形で使い分けている人が多いようです。もし、ビジネス系の作業効率を考えてマウスレスワークへと移行していきたい場合には、経験の

浅い不慣れなアプリはマウスで操作し、慣れるにつれて徐々に
キーボード操作へと切り替えていくのがいいでしょう。キー
ボード操作が中心の作業レベルになってくると、マウスに持ち
替えたり、ノートパソコンのトラックパッドに手を移動させた
りするのが、わずらわしく感じるようになります。また、入力
機器の持ち替え時にはミスが起こりやすく、集中力が切れやす
くなるでしょう。しかし、マウスへの持ち替えを避けて、すべ
ての操作をキーボードで行おうとした場合に、ボトルネックと
なるのが右クリック操作です。

　ここでは、この右クリックをキーボード操作で代替する方法
を、2つ紹介します。

アプリケーションキーを使う（▤）

　お使いのパソコンやキーボードにもよりますが、Space キー
の並の右4つほど隣に、**四角形内に横線が入ったマークのキー
（アプリケーションキー）** があるかもしれません。そのキーを
右クリックの代わりに使えます。片手で使えるので、これが最
もかんたんです。

ショートカットキーを使う（Shift ＋ F10 ）

　Shift ＋ F10 を押すと、**通常の右クリック機能に加えて、
追加機能を利用できます。** ファイルやフォルダーを選択して
Shift ＋ F10 を押すと「パスのコピー」が利用できるように
なります。アプリケーションキーを使える場合には、**Shift ＋
▤ で同じ機能を使えます。**

114

右クリックをキーボードで行う2つの方法

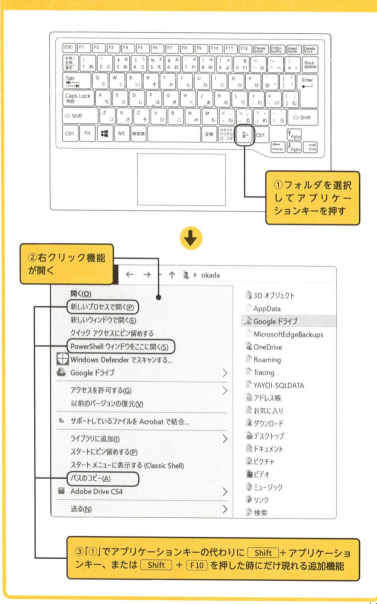

Section **Windows 爆速化テクニック**

30 Wi-Fi のオン / オフも爆速で!タスクバーの「通知トレイ」をキーボードで自在に操る

1〜5分
SPEED UP

Wi-Fi のオン・オフってよく使うのに、なんで「通知トレイ」なんて不便なところにあるんですかね？

そんなことはないよ。
⊞ + B → Enter と実行してごらん。

あ！ 通知トレイをカーソルで選択できるようになるんですね。

そのとおり。マウスがない状況で、USB メモリーを安全に抜き差しするときにも便利だよね。

通知トレイをキーボードで操る

「岡田さんは、なぜそこまでショートカットキーにこだわるのですか？」と聞かれることがあります。表向きは「趣味なんです」と答えますが、実のところは、==思考に手元が追いつかないことで、集中力が切れてしまうのを避けたい==からです。

マウス操作はどうしてもその過程で曲線的な動作が入るた

め、直接命令を下せるキー入力のスピードには到底かないません。ですので、筆者は考え事をしながら片手でネットサーフしたい場合か、描画系アプリを使う場合に限ってマウスを使っています。

ショートカットキーはたくさんありますが、実際に使われているものは限定的です。たとえば、デスクトップにまつわるショートカットキーで、タスクバーやウィンドウを操作する方法は知られていますが、通知トレイ（タスクトレイ）のアイコンをショートカットキーで操作する方法は、あまり知られていないようです。デスクトップが開いている状態で、⊞ + Ⓑ または Shift + Tab を2回押すと、通知トレイのアイコンがアクティブになるので、そこから ⬅ ➡ キーでアイコンを選択し、Enter または右クリックボタンで開きます。

通知トレイには、無線ネットワークやスピーカー、電源設定、日本語入力のほか、「スタートアップ」に登録されているアプリのアイコンが表示されます。筆者は特に無線ネットワークの切り替えによくこの技を使っています。

ちなみに「スタートアップ」への登録方法は、「スタート」→「すべてのフォルダー」→「スタートアップ」を開き、該当のアプリのショートカットをドラッグ＆ドロップで保存しておくだけです。これで OS 起動時にアプリがバックグラウンドで起動し、通知トレイに表示されるようになります。筆者は Charu3 や Lazulite、E STARAT デスクトップバーなど、いくつかの便利ツールを登録しています。地味に便利ですので、ぜひ使ってみてください。

117

通知トレイをキーボードで自在に操る

●初期設定

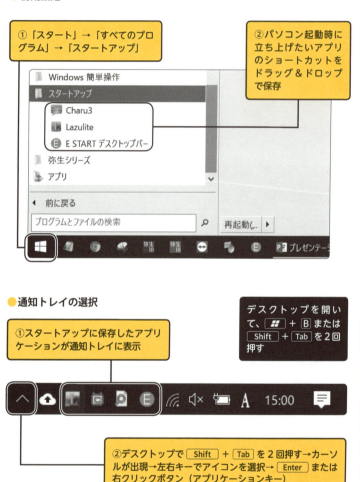

①「スタート」→「すべてのプログラム」→「スタートアップ」

②パソコン起動時に立ち上げたいアプリのショートカットをドラッグ＆ドロップで保存

●通知トレイの選択

①スタートアップに保存したアプリケーションが通知トレイに表示

デスクトップを開いて、■ + B または Shift + Tab を2回押す

②デスクトップで Shift + Tab を2回押す→カーソルが出現→左右キーでアイコンを選択→ Enter または右クリックボタン（アプリケーションキー）

Section | Windows 爆速化テクニック

31 文字入力を3割高速化する！カーソル移動と文章選択のショートカットを極める

1〜5分
SPEED UP

文字入力は遅くないはずなのに、長い文書の作成が苦手なんですよね……。

もしかして、カーソルの移動や、文字列を選択するのにマウスを使っているんじゃない？

もしかして、カーソルの移動や、文字列選択もショートカットがあるんですか？

そうだね。パソコンを使っていて不便だなと感じる操作は、だいたいショートカットが用意されているよ。

移動や選択のコストは無視できない

　仕事でパソコンを使う人の中には、多くの時間を文章の作成や編集に費やしている人も多いのではないでしょうか。

　文字入力にかける時間を除けば、カーソルの移動や文字の選択にかかる時間は、案外ばかにならないはずです。そこでカーソル移動と文字選択で使える便利なショートカットキーを紹介

したいと思います。

効率的なカーソル移動

　文章作成はカーソル位置を始点として行います。ときどきカーソルを移動させるのに [Space] キーや ← → キーを連打している人を見かけます。このカーソル移動を効率的に行う方法があります。具体的には、**現在のカーソル位置から、[Home]（[Fn] + ←）を押すと行頭に、[End]（[Fn] + →）を押すと行末まで一気に飛ぶことができます**。さらに上記のキーと [Ctrl] を組み合わせることで、文頭または文末に移動することができます。

文字列を一発選択する方法

　文章編集の作業でカーソル移動に次いで多いのが、文字選択だと思います。文字を選択するのにマウスを使っていると効率が悪く、選択ミスも起こりやすくなります。そんなときに便利なのが、文字列をキーボードで一発選択する方法です。**[Shift] を押しながら ← → キーで文字選択、[Shift] を押しながら ↑ ↓ キーで複数行を選択することができます。**また、[Shift] を押しながら [Home] または [End] を押すと行頭・行末まで選択でき、さらに [Ctrl] と組み合わせると文頭や文末まで選択することが可能です。

　一度慣れてしまえばかんたんですし、文書の編集作業全般に応用できますから、まだマスターしていない人は、ぜひこの機会に覚えてしまいましょう。

カーソル移動と文字列選択を極める

●カーソルの移動

34. カーソル移動と文書選択を極める（Win）_190221
先輩：文字入力は遅くないはずなのに、文章作成が
部下：カーソル移動や文章選択のショートカットキ
先輩：いや、マウスで動かしてる。あっすごい、こ
部下：メールやレポート作成など広く使えるのでぜひ（今度何かおごってもらおう）。

> **Home**（**Fn** + **←**）+ **Ctrl** を押すと、文頭にカーソルが移動

> **行内で Home（Fn + ←）を押すと、行頭にカーソルが移動**

の中には、毎日膨大な時間を文章の
ょうか。
除けば、カーソル移動や文章選択に
こでカーソル移動と文章選択で使える
す。

> **行内で End（Fn + →）を押すと、行末にカーソルが移動**

効率的なカーソル移動

通常、文章作成時はカーソル位置を始点として文字入力していきます。そして時々、カ
ーソル移動させるのにスペースキーや左右キーを連打している人を時々見かけます。
そこで、このカーソル移動を、よりスマートに、より効率的に行う方法があります。

> **End**（**Fn** + **→**）+ **Ctrl** を押すと、文末にカーソルが移動

具体的には、現在のカーソル位置から、Home（Fn+左キー）を押すと行頭に、End（Fn+
飛ぶことができます。さらに上記のキーと Ctrl を組
末に移動することができます。

●文字・文章の選択

> **ここから Shift + ↓ で複数行の選択**

34. カーソル移動と文書選択を極める（Win）_190221
先輩：文字入力は遅くないはずなのに、文章作成がどうしても速くならないんだよ。
部下：カーソル移動や文章選択のショートカットキーって使ってますか？
先輩：いや、マウスで動かしてる。あっすごい、これなら作成や編集が楽になるね。
部下：メールやレポート作成など広く使えるのでぜひ

> **ここから Shift + End（Fn + →）で行末まで選択**

仕事でパソコンを使う人の中には、毎日膨大な時間を文
人も多いのではないでしょうか。
中でも文字入力の時間を除けば、カーソル移動や文章選択にとられる時間は、結構ばか
にならないはずです。そこでカーソル移動と文章選択で使える便利なショートカット技
をご紹介したいと思います。

効率的なカーソル移動

通常、文章作成時はカーソル位置を始点として文字入力していきます。そして時々、カ
ーソル移動させるのにスペースキーや左右キーを連打している人を時々見かけます。
そこで、このカーソル移動を、よりスマートに、より効率的に行う方法があります。

> **ここから Shift + Ctrl + End（Fn + →）で文末まで選択**

から、Home（Fn+左キー）を押すと行頭に、End（Fn+
飛ぶことができます。さらに上記のキーと Ctrl を組
末に移動することができます。

第3章　資料作成術

マウスを使わず爆速で作りあげる！

| Section | Windows 爆速化テクニック |

32 いま見ている画面を即コピー！相手と画面を共有する4つの技

1～5分
SPEED UP

当社のWebサイトのフォルダー構造を制作会社に伝えたいんですが、どうしたらいいでしょうか？

[Print Screen]で画面をコピーして、送ったらどう？
必要なら書き込みもできるしね。

なるほど。かんたんですし、わかりやすいですね。
特定のウィンドウだけコピーすることもできますか？

[Alt]＋[Print Screen]でいけるよ。
画面データが増えすぎないように気を付けてね。

論より証拠の画面コピー技

　遠方の相手とお互い同じパソコン画面を見ながらやりとりをしていて、うまく伝わらずもどかしい思いをした経験はありませんか？　チャットツールの画面共有機能を使う方法もありますが、メールなど非同期のコミュニケーションにも適したもっとかんたんな方法があります。

それは、いま見ている画面をそのままコピーして相手に送ること。ここでは、用途に応じた4つの方法を紹介します。

画面全体をコピー（ Print Screen ）

コピーしたい画面で Print Screen を押すと、画面全体がコピーされます。その後は画像として PowerPoint などの Office アプリに貼り付けることができます。ファイルとして保存したい場合は、画像上で右クリックして「図として保存」を選択して「保存」ボタンを押します。 パソコントラブルの対応時などに大変役立ちます。

一番手前のウィンドウをコピー（ Alt ＋ Print Screen ）

複数のウィンドウを開いている状態で Alt ＋ Print Screen を押すと、一番手前にあるウィンドウだけがコピーされます。背景や他のアプリはコピーされません。

パソコン画面を満載したマニュアルや文書の作成に役立ちます。

Snipping Toolで切り取りコピー（起動後 Ctrl ＋ N ）

画面の一部だけをコピーしたい場合には Windows 標準機能である「Snipping Tool」がお勧めです。スタート→ Windows アクセサリ→ Snipping Tool でアプリを開き、「新規作成」ボタンを押すと、画面に霧がかかったような状態になるので、コピーしたい箇所をドラッグして選択します。

第3章

資料作成術

マウスを使わず爆速で作りあげる！

123

切り取りコピーが手軽にできるので、相手への伝達やちょっとした資料作成時に便利です。タスクバーへの登録または一発起動のランチャー設定をお勧めします。

切り取り＆スケッチで切り取りコピー （ ⊞ ＋ Shift ＋ S ）

「切り取り＆スケッチ」は Windows 10 から追加されたアプリですが、Snipping Tool と同様に、いま見ている画面の一部を切り取ることができます。Snipping Tool との違いは、 ⊞ ＋ Shift ＋ S を押すと、アプリウィンドウが開くことなく、そのまま範囲選択してコピーを始められる点です。

Snipping Tool はいずれ廃止される話も浮上しているため、いまのうちに、こちらのアプリに慣れておく方がいいかもしれませんね。

アプリ	ショートカットキー	できること
（Windows の機能）	Print Screen	画面全体をコピー
（Windows の機能）	Alt ＋ Print Screen	一番手前のウィンドウをコピー
Snipping Tool	Ctrl ＋ N	任意の形状でコピー
切り取り＆スケッチ	⊞ ＋ Shift ＋ S	任意の形状でコピー

いま見ている画面を即コピーする

●パソコン全画面をコピー

`Print Screen` でパソコン全画面をコピー

●最も手前にあるウィンドウをコピー

`Alt` + `Print Screen` を押す

手前にあるウィンドウがコピーされた

● Snipping Tool で切り取りコピー

① Snipping Tool を起動

② `Ctrl` + `N` を押して範囲を選択

切り取り後は、ペンツールで手書きマーキングも可能

●切り取り&スケッチで切り取りコピー

`⊞` + `Shift` + `S` で「切り取り&スケッチ」を起動して範囲を選択

第3章 資料作成術

マウスを使わず爆速で作りあげる！

Section 33 　IME 日本語入力テクニック

よく使うフレーズを自動入力！辞書登録で定型文の入力を爆速化する

5〜10分
SPEED UP

メールの「お世話になっています」という挨拶、人生でいったい何回入力するんでしょうね……。

よく使う挨拶は辞書に登録しておくと、毎回入力しないで済むよ。

なるほど、辞書ってそういう使い方もできるんですね。

住所や電話番号なども登録しておくと便利かもね。ただし、登録のときに入力ミスをすると恥をかくぞ。

辞書を使った入力の効率化

　私たちは普段無意識のうちに何度も同じ言葉を使っています。たとえば、メールの先頭に置かれる「お世話になっております」というあいさつ文は、この先もずっと繰り返し使われるでしょう。逆にいうと、この**繰り返しに必要な手間を省ければ、たくさんの時間を節約することができます**。

　この手間を省くために、ここでは日本語入力ツールに搭載さ

れている辞書ツールの機能をフル活用します。

　日本語入力ツールは、Windows 標準機能であれば「Microsoft IME」。筆者は予測変換の精度が気に入って「Google 日本語入力」をインストールして使っています。基本的には似たような機能ですので、好みに合わせて選ぶと良いでしょう。

　辞書ツールに、日ごろよく使う言葉を登録しておけば、2〜3 文字入力するだけで、任意の言葉や単語に変換してくれます。効率化だけでなくミスの削減にもつながります。

辞書には長めの文も登録できる

　辞書には、単語だけでなく、やや長めの文も登録できます。サブのメールアドレスなど、忘れやすい情報を記録しておく目的にも使えて大変便利です。

　登録は、Microsoft IME なら Ctrl + F10 、Google 日本語入力なら「プロパティ」からキー設定しておけば、ショートカットキーでユーザー辞書ツールを起動できるので、「読み（よみ）」の欄に入力する文字を、「語句（単語）」の欄に表示させたい文字を入力すれば完了です。

　筆者は、よく使う定型文や単語のほか、自分の「氏名」や「携帯番号」「メールアドレス」「住所」「会社 URL」など、300 件以上の言葉を登録しており、大変重宝しています。

　ときどき自分が入力したメールや文書を眺めて、利用頻度の高い言葉から登録していくといいでしょう。登録する言葉が多くなりすぎると、読みを思い出しづらくなるため、定期的にメンテナンスをして、適度な分量に保つようにしましょう。

よく使う言葉は辞書登録しておく①

● **Google 日本語入力のインストールと事前設定**

1 https://www.google.co.jp/ime/ よりインストール

2 通知トレイのアイコンを右クリック→プロパティを開く

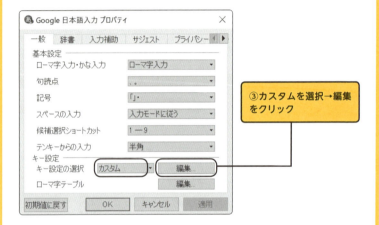

③カスタムを選択→編集をクリック

④モードとコマンドを選択し、入力キーを任意に設定

よく使う言葉は辞書登録しておく②

● Google 日本語入力の起動と単語登録の実施

①日本語入力モードで入力キーを押す→単語の登録が起動→「よみ」に入力文字を、「単語」に変換したい文字を入力→ OK

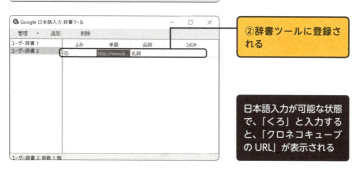

②辞書ツールに登録される

日本語入力が可能な状態で、「くろ」と入力すると、「クロネコキューブのURL」が表示される

辞書ツールの登録例	
名前	クロネコ 太郎
住所	兵庫県神戸市・・
曜日	(日)、(月)・・
メール文	お世話に・・
頁番	1.、2.、3.・・
カッコ	()、<>
その他	・電話番号　・携帯番号 ・メールアドレス　・URL

Section

IME 日本語入力テクニック

34
これだけは覚えたい文字入力技
入力した文字をカタカナや
英数字に変換する

1〜5分
SPEED UP

日本語の入力って、時間がかかりますよね。
変換候補から探すのも一苦労ですよ。

文字変換のショートカットキーを覚えてみたら？
少なくとも、苦手意識はなくなるよ。

ファンクションキーって、あんまり使ったことないん
ですよね。

そうかもしれないね。でも、変換候補から探すことを
考えたら、絶対にラクだよ。

ダラダラ変換は非効率

　日本人の多くは文字入力に「ローマ字入力かな変換」を使っていると思いますが、入力の際、一度アルファベットで入力したものを日本語に変換する必要があるため、英語圏の人と比べてどうしても入力効率が低下します。

==変換候補も、漢字、カタカナ、英数字と幅広く、英数字など
には全角・半角と複数の文字種が用意されていることも、入力
効率を低下させる要因となっています。==

そこで、文字変換の負担を少しでも減らすために便利な技を
紹介したいと思います。

入力「くろねこきゅーぶ」
（ローマ字入力かな変換モード）

変換キー	意味	変換後文字列
F6	全角ひらがなに変換	くろねこきゅーぶ
F7	全角カタカナに変換	クロネコキューブ
F8	半角カタカナに変換	ｸﾛﾈｺｷｭｰﾌﾞ
F9	全角英数に変換	ｋｕｒｏｎｅｋｏｋｙｕ－ｂｕ
F10	半角英数に変換	kuronekokyu-bu

F9 や F10 は押す回数によって、（小文字）→（大文字）→（先
頭のみ大文字）と変換されます。

==一度確定した文字でも、あらためて選択して 変換 を押すか、
確定直後であれば Ctrl ＋ Back space キーを押すと、再び変換可能な
状態に戻せます。== 変換ミスの訂正時や、文章の見直し時に活用
してみてください。

文字変換は毎日使う機能です。ぜひマスターして文字入力の
効率化を図り、ストレスフリーな日々をすごしてください。

入力した文字をカタカナや英数字に変換する

入力文字列	変換キー	出力文字列
くろねこきゅーぶ	F6	くろねこきゅーぶ
	F7	クロネコキューブ
	F8	ｸﾛﾈｺｷｭｰﾌﾞ
	F9	kuronekokyu−bu
	F9 F9	KURONEKOKYU−BU
	F9 F9 F9	Kuronekokyu−bu
	F10	kuronekokyu-bu
	F10 F10	KURONEKOKYU-BU
	F10 F10 F10	Kuronekokyu-bu

確定直後に Ctrl + Backspace を押すと再変換ができるようになり、Shift と左右キーの組み合わせで部分変換も可能になる。

Section **IME日本語入力テクニック**

35 名刺管理ソフトが不要になる！爆速で住所を入力する便利ワザ

1〜5分
SPEED UP

名刺をデータ化したいんですが、手入力は時間がかかるし、OCRは読み取り精度が低くて……。

郵便番号辞書は使っていないのかい？ 入力済みの郵便番号を選択して、 変換 を押してごらん。

すごく便利ですね。
いままで必死に入力してたことを後悔しますね。

そうだね。ただし、郵便番号は更新されるから、必ず元の名刺と付き合わせて確認してくれよ。

住所入力を爆速化する

　皆さんは人から名刺を受け取ったらどうしていますか？　受け取ったままの人もいるかもしれませんし、卓上の名刺フォルダーでファイリングしている人や、最近では名刺管理アプリやサービスを使ってる人もいることでしょう。

　筆者は、受け取った名刺の情報をすべてExcelで作った一覧

表に転記・集約しています。ただ、このような一覧表に名刺情報を手入力していくのって面倒ですよね。なかでも住所情報の入力には手間がかかるでしょう。

そこでご紹介したいのが、筆者が愛してやまない日本語入力ツールの住所変換機能です。

まず、郵便番号を文字選択して 変換 キーを押すと、その番号に該当する住所情報が変換候補として表示されます。たとえば「101-0064」なら「東京都千代田区神田猿楽町」と変換してくれます。これが便利すぎて、名刺入力のとき以外にも申し込みサイトの登録時などに活用しています。

Microsoft IMEの事前設定

Google 日本語入力では不要ですが、日本語入力ツールとして Microsoft IME を使う場合には、少しだけ事前の設定が必要です。タスクバーの通知トレイの「あ /A」を右クリック→プロパティ→→詳細設定→辞書 / 学習タブ→システム辞書の欄で「郵便番号辞書」にチェックを入れて「追加」→「適用」で事前設定は完了です。

この機能があるおかげで筆者は名刺管理ソフトを使っていません。この機能があれば、名刺管理ソフトに取り込んだ後に部分修正するよりも、その都度手入力していく方が時間が短くて済むと判断したからです。

名簿以外にも、申込書や契約書などいろいろな住所情報の入力に、ぜひご活用ください。

郵便番号を一瞬で住所に変換する

●郵便番号を住所に変換

●事前登録(Microsoft IME の場合のみ)

スタート→「プログラムとファイルの検索」ボックスに IME と入力→ Microsoft IME の設定(日本語)を選択→詳細設定ボタンをクリックすると次の画面が表示される。

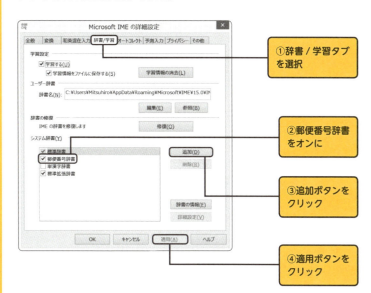

Section **36** IME日本語入力テクニック

難読漢字をスムーズに入力！読み方が分からない漢字は手書きで入力する

1〜5分
SPEED UP

この漢字、なんて読むか分かりませんか？
読み方がわからないと検索できないし不便ですよね。

手書き文字入力の機能を使うといいよ。
Microsoft IMEを使っているならIMEパッドだね。

「つむじかぜ（飆）」って読むんですね。
ありがとうございました！

よかったね。（って、仕事中に何を読んでんだ？）

難読漢字を入力する方法

　本や雑誌を読んでいて、「鰊（にしん）」や「鯢（さんしょううお）」など見慣れない漢字を目の当たりにして戸惑った経験はないでしょうか？　漢字で読み方が分からければネットでも検索しようがありません。そんなときに便利なのが、手書き文字入力機能です。

手書き文字入力機能の使い方

　Google 日本語入力の手書き文字入力の使い方は、次の通りです。

　文字の入力先のアプリを起動し、文字を入力できる状態にしておきます。次に、タスクバー上のアイコンを右クリックして「手書き文字入力」を選択すると手書き入力エリアが開きます。手書き入力エリアに「にんべん」を使った漢字を書いていくと、途中で部首が判別されて、「仲」や「例」などと候補が絞られてきます。

　該当の漢字を見つけてマウスオーバーすると、訓読みと音読みがポップアップ表示されます。その漢字をクリックすれば、開いているアプリに入力されます。

IMEパッドの使い方

　Microsoft IME では、 Ctrl + F10 を押して表示されるメニューから「IME パッド」を選択すると手書き入力エリアが開きます。手書き入力エリアに「にんべん」を使った漢字を書いていくと、途中で部首が判別されて、「仲」や「例」などと候補が絞られてきます。

　筆者はこの機能を名刺情報の入力時によく利用しています。珍しい御名前で読みが分からない場合には、この機能が役立ってくれます。辞書で調べるには、部首名を覚えておく必要がありますが、手書きで手軽に目的の漢字を見つけることができるので、名刺ソフトに頼らなくて済むようになることでしょう。

第3章

資料作成術

マウスを使わず爆速で作りあげる！

読み方が分からない漢字を手書き入力する

● **手書き文字入力（Google 日本語入力）の利用**

タスクトレイ上の日本語入力アイコン→右クリック→手書き文字入力。

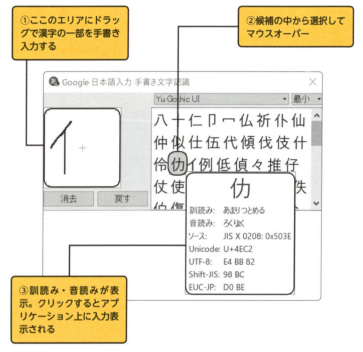

① ここのエリアにドラッグで漢字の一部を手書き入力する

② 候補の中から選択してマウスオーバー

③ 訓読み・音読みが表示。クリックするとアプリケーション上に入力表示される

Microsoft IME の場合は、[Ctrl] + [F10] → IME パッドで IME パッド（手書き）が表示される。

Section **意外に使える！メモ帳の技**

37 議事録作成はメモ帳を使う！日時とともに記録する情報はメモ帳でまとめる

1〜5分 SPEED UP

この議事録って、すごく細かい日時が記録されていますが、どうやって作ったんですか？

メモ帳（notepad.exe）の「日付と時刻」挿入機能だよ。メモ帳を開いて、F5 を押してごらん。

なるほど、これは便利ですね。

では、次の会議、議事録作成は君に任せるよ。

メモ帳、使っていますか？

あなたはパソコンで普段メモをとるとき、どのようなアプリを使っていますか？　いろいろなアプリがあると思いますが、筆者は Windows 標準の「メモ帳」を使っています。理由は最も起動が速くて、最も軽快に動作するからです。メモだけでなく、議事録を作成したり、アイデアをまとめたりするときなど、便利すぎて筆者にとって最も欠かせないアプリといってもいいくらいです。

F5 で日時を入力

メモ帳の機能はシンプルですが必要最低限の機能が備わっています。中でも筆者のお気に入りは、現在の時刻を瞬間表示させる機能です。

メモ帳が開いている状態で F5 キーを押すと「0:48 2019/02/28」のように現在日時が瞬時に入力されます。

この時刻は Windows のシステム時計が元になっているので、パソコンがネットにつながっていれば常に正しい時刻が表示されます。この機能を前述したアプリの一発起動と組み合わせれば、突然メモの必要性が生じた場合でも、メモ帳を瞬間起動させてすぐさま日時を入力し、本題の記録へと入っていけるようになります。

先頭に.LOGと入力して保存

メモ帳を開き、ファイルの先頭に .LOG と入力して保存します。同じファイルをもう一度メモ帳で開くと、なんと、ファイルを開いたときの日時が自動的に入力されます。

メモ帳で開く場合に限りますが、日時は文書を開くたびに、何度でも自動的に入力されます。

ここで紹介した機能は、作業の開始と終了の時間を記録してタスクの所要時間を記録するような、ちょっとした計測作業にも使えるでしょう。地味な技ではありますが、こういった小さな工夫の積み重ねが、やがて仕事や会社全体の大きな効率化につながるはずです。

メモ帳で現在の日時を瞬時に表示する

●さくっと会議議事録を作成

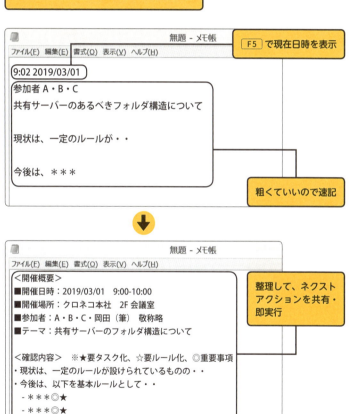

Section 38 意外に使える！メモ帳の技

目視を避けてミスを減らす！文書の編集に検索と置換を活用する

1〜5分
SPEED UP

取引先の社名を辞書登録して入力したのですが、登録ミスが見つかって、修正が終わりそうにありません。

辞書を使ったなら、同じミスを繰り返しているはずだな。検索と置換を使えば、一瞬で修正できるよ。

えっ、本当ですか？　すごく助かります。

手入力して、変換ミスや脱字が混ざっているよりも、筋のいいミスだな。以降、気を付けてくれよ。

キーワードを一瞬で見つける検索機能

　メモ帳などで作成している文書の中から重要なキーワードを探す際に、カーソル移動や画面スクロールで探そうとしている人がいますが、効率が悪いだけでなく、漏れや、見落としが発生する可能性が高いでしょう。
　そんなときは、「検索機能」を使うことで、即座に文章中のどこにキーワードがあるか探し出すことができます。

検索機能を呼び出すためのショートカットキーはたいてい Ctrl + F です（F は見つけるという意味の英単語 Find の頭文字でしょう）。これはメモ帳だけでなく、Windows や Office アプリ、ブラウザーなど、複数のアプリで共通です。ぜひ覚えておきましょう。

Shortcut	Ctrl + F

キーワードを一瞬で置き換える置換機能

特定のキーワードを、別のキーワードに置き換える置換機能も便利です。検索と同じく、複数のアプリ間で共通利用が可能です。**メモ帳で置換機能を利用するには、** Ctrl + H **を押します。** すると、「置換」ウィンドウが開き、検索する文字列と、置換後の文字列を入力できます。キーワードを検索するだけか、一つずつ置換するか、一気にまとめて置換するかを選択することができます。

キーワードの指定方法を工夫すると、置換機能を使って文書内に紛れ込んでいる不要な空白を削除することができます。 たとえば「検索する文字列」欄に全角または半角の空白文字を入れ、「置換後の文字列」欄には何も入れずに置換すると、目視では見つけにくい空白を一気に削除することができます。

Shortcut	Ctrl + H

検索・置換の技を身につけると、便利であると同時に、文書作成時に心の余裕がもてることを実感でしょう。

143

文章編集に検索と置換を活用する

●メモ内を Ctrl + F で検索

メモ帳

Ctrl + F でウィンドウが開く

検索	×

検索する文字列(N): [　　　　　　　　　　　　　　]　　次を検索(F)

検索する方向

□ 大文字と小文字を区別する(C)　○ 上へ(U)　● 下へ(D)

キャンセル

検索の昇順・降順を選択

●メモ内を Ctrl + H で置換

メモ帳

Ctrl + H でウィンドウが開く

置換	×

検索する文字列(N): [カナリア㈱]

① 次を検索(F)

置換後の文字列(P): [クロネコキューブ㈱]

② 置換して次に(R)

③ すべて置換(A)

□ 大文字と小文字を区別する(C)

キャンセル

検索・置換の方法	
①次を検索	置換せず、まずは検索したい場合
②置換して次に	一つずつ置換したい場合
③すべて置換	一気にまとめて置換したい場合

Section **Officeアプリ共通テクニック**

39 Officeを使いやすくする！クイックアクセスツールバーとリボンを使い分ける

5〜10分 SPEED UP

Officeって、よく使う機能に限ってリボンの奥深くに隠れていて、使いづらいですよね。

そういう機能は、クイックアクセスツールバーに登録するといいよ。一瞬で呼び出せるよ。

こうやって使うんですね。目からウロコが落ちました。

よく使う道具は、すぐに使える場所に置かないとね。
（君が僕の隣りに座っている理由も同じだよ）

リボンの長所と短所

　Microsoft Office 2007以降、それまでの「メニュー」から「リボン」と呼ばれるタブ型インターフェースに変身しました。当初は目的の機能がどこにあるかわからず、混乱した人も多いのではないでしょうか？　筆者もその一人で、それまで使えていたショートカットキーが大幅に変更されたため、大変なもどかしさを感じました。

おそらくリボン上に機能を配置することで、視覚的に探しやすくする初心者向けの配慮だと思いましたが、目的の機能に至るまで「リボンを選択」してから「ボタンをクリック」するなど2回のクリックが必要になりました。また、使用する機能によっては、さらなるカーソル移動やマウス操作を伴うため、全体的には手間が増えた感がしたものです。

クイックアクセスツールバー

そんな機能実行までのもどかしさを解消してくれるのは、クイックアクセスツールバーです。クイックアクセスツールバーは画面上部によく使う機能を登録しておけば、 Alt と数字キーとの組み合わせで素早く実行できる便利機能です。

よく使う機能はOfficeアプリの種類によって異なると思うので、ここでは詳細は割愛します。筆者の場合は、Excelなら「ページ設定」や「ウィンドウ枠の固定」、Wordなら「アウトライン」や「変更履歴の表示」、PowerPointなら「図形」や「図のトリミング」などを登録しています。

Shortcut	Alt ＋（数字キー）

リボンの表示/非表示

「リボン上で機能を探したい」という場合には、 Ctrl ＋ F1 でリボンの表示/非表示を切り替えることができます。リボンのどこに機能が置かれているかを把握できたら、ショートカットキーが使えない場合のみ、クイックアクセスツールバーに登録することをお勧めします。というのは、無暗にクイック

アクセスツールバーに登録してしまうと、今度はこちらも使いづらくなってしまう恐れがあるからです。

Shortcut	Ctrl + F1

リボンとメニューを表示/表示

Ctrl + Shift + F1 でリボンとメニューの両方の表示 / 非表示を切り替えることができます。余計な視覚情報を省き、目の前の作業に集中したい場合に使うといいでしょう。

Shortcut	Ctrl + Shift + F1

全画面表示（Word・Excel）

リボンもメニューも非表示にして全画面表示の状態で編集を行うには、Alt → V → U を押します。視界に入るノイズを避けてドキュメント内容に集中したいときに使える技で、筆者もときどき使います。Esc を押せば元の表示形式に戻ります。

Shortcut	Alt → V → U

全画面表示の技以外は、いずれも Microsoft Office で共通利用されるものなので、ぜひマスターして、目的や状況に応じてうまく使い分けてみてください。

クイックアクセスツールバーとリボンを使い分ける

●クイックアクセスツールバーへの登録

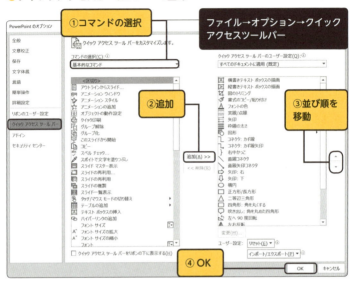

●リボンとメニューの表示／非表示

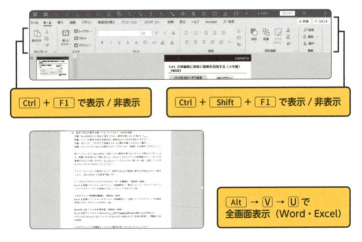

Section **Excel ビジネス活用術**

40 パソコンは変えなくてOK！設定変更だけでExcel動作を軽くするワザ

10〜15分 SPEED UP

Excel 2010から2016にアップデートしたら、動作が遅くなった気がするんですよね。

いくつかの設定を見直すと、爆速Excelに生まれ変わるよ。

本当だ……。たったこれだけで動作が速くなるなんて、スゴイですね。

そうだな。(ちょっとした一言で、仕事が速くなる部下が欲しいよ)

Excelは速いのが一番

　以前のバージョンからExcel 2016に更新してから動作が遅くなったという話をよく耳にします。筆者もそう感じました。おそらくセキュリティや新機能など、いろいろな事情があるとは思いますが、**「ユーザーにとっては、とにかく速いのが一番」**と感じている方も少なくないのではないでしょうか。

ここでは、ちょっとした設定によって、Excel が爆速に生まれ変わる方法をご紹介します（Excel 2010 でも設定可能です）。

マルチスレッド処理を無効に

Excel を起動→ファイル→オプション→詳細設定→「全般」の「マルチスレッド処理を有効にする」をオフ→ OK。

ハードウェアグラフィックアクセラレーターの無効化

Excel を起動→ファイル→オプション→詳細設定→「表示」の「ハードウェアグラフィックアクセラレーターを無効にする」をオン→ OK。

Excel15.xlb ファイルを再生成

Excel を終了してから C:¥Users¥(ユーザー名)¥AppData¥Roaming¥Microsoft¥Excel のなかにある Excel15.xlb ファイルを Excel15.xlb.Old などの名前に変更してみて、問題が発生しなければ削除します。

いかがでしょうか？　少しは Excel の動作が速くなりましたか？　Excel は、仕事で使う人にとっては、これがないと仕事にならないくらい頻繁に使われるアプリだと思います。こうしたちょっとしたチューニングで改善されるのであれば、貪欲にどんどん取り入れていってもらえたらと思います。

150

設定でExcelの動作を軽くする

●マルチスレッド処理を無効に

Excel を起動→ファイル→オプション→詳細設定

保存	起動時にすべての ファイルを開くフォルダー(L):
言語	
簡単操作	Web オプション(P)...
詳細設定	□ マルチスレッド処理を有効にする(P) 並べ替え順や連続データ入力設定で使用するリストを作成します: ユーザー設定リストの編集(O)...
リボンのユーザー設定	
クイック アクセス ツール バー	**Lotus との互換性**
アドイン	Microsoft Excel メニュー キー(M): /
セキュリティ センター	□ Lotus 1-2-3 形式のキー操作(K)

チェックを外して OK

Lotus との互換性の設定の適用先(L): ITL一覧 ▼

□ 計算方式を変更する(F)

OK / キャンセル

●ハードウェアグラフィックアクセラレーターを無効に

Excel のオプション

Excel を起動→ファイル→オプション→詳細設定

全般	□ グラフのデータ要素の参照先が現在のブ
数式	**表示**
データ	最近使ったブックの一覧に表示するブックの数(R): 25 ①
文章校正	□ [ファイル] タブのコマンド一覧に表示する、最近使ったブックの数(Q): 4
保存	最近使ったフォルダーの一覧から固定表示を解除するフォルダーの数(F): 50
言語	ルーラーの単位(U) 既定の単位 ▼
簡単操作	☑ 数式バーを表示する(U)
詳細設定	☑ 関数のヒントを表示する(F)
リボンのユーザー設定	☑ ハードウェア グラフィック アクセラレータを無効にする(G) コメントのあるセルに対して表示:

チェックを入れて OK

● Excel15.xlb ファイルを再生成

<C:¥Users¥(ユーザ名)¥AppData¥Roaming¥Microsoft¥Excel> 配下の
Excel15.xlb ファイルを Excel15.xlbOld に名前を変更→問題なければ削除

```
~ar244C.xar
Excel15.xlb
```

ファイル名を変更してから削除

第3章

資料作成術

マウスを使わず爆速で作りあげる！

151

| Section | Excel ビジネス活用術 |

41 資料名やページ数は何度も入力しない！ヘッダー／フッター活用術

5〜10分 SPEED UP

Excelの資料って、印刷したあと、資料のタイトルやページがわからなくなって困ることありませんか？

ヘッダーやフッターにいまいった情報を入力しておけば、後から困ることはなくなるよ。

「全部で何枚あるか」や「何枚目か」、どちらも入れられるんですね。これはいいですね。

……。（ひょっとして、いままで手入力してた？）

意外に使えるヘッダー/フッター

　Excelで、便利なのに意外と活用されていない機能の一つが「ヘッダー/フッター」ではないでしょうか？

　そういう機能があることはわかっていても、いざ使おうとすると、なんとなく面倒なイメージがあるのでしょうか。

ヘッダーとフッターをあらかじめ設定しておくと、印刷した
ときに、文書の上部・下部に日付やページ番号、ファイル名な
どを表示させることができます。

ヘッダー/フッターの設定方法

　ヘッダー / フッターの設定をするには、まず [Alt] → [P] → [I]
で「ページ設定」を開き、「ヘッダー / フッター」タブを選択
します。ヘッダー / フッター部に表示させる情報は、メニュー
を使ってあらかじめ用意された選択肢から選ぶか、「ヘッダー
の編集」「フッターの編集」で個別に登録することができます。
次の項目を登録することができます。

・ページ番号　　　・ページ数　　　　・日付
・時刻　　　　　　・ファイルパス　　・ファイル名
・シート名　　　　・任意の文字列　　・任意の図

　なお一度登録したものは、選択肢に現れるようになります。
　筆者の場合は、ヘッダーの左側は「ファイル名」、中央部は
なしで、右側は「日付」、フッターの中央部に「ページ番号」/
「総ページ数」、右には「パス」を登録しています。

　こうすることで、紙資料を受け取った人が、それが何という
名前の資料で、ページが全体の何ページ目のものなのか、どこ
に保存されているか、といった情報を知ることができます。

　こういった小さな工夫を積み重ねることで、紙出力された文
書管理がしやすくなり、情報としての信頼性も増していくはず
です。

第3章

資料作成術

マウスを使わず爆速で作りあげる！

153

印刷用にヘッダーとフッターを活用する

●ヘッダー / フッターの設定

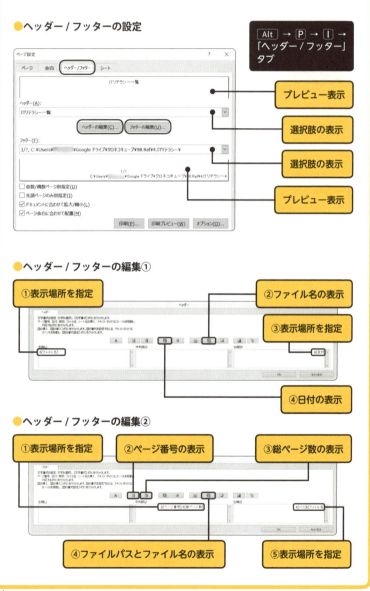

Alt → P → I → 「ヘッダー / フッター」タブ

- プレビュー表示
- 選択肢の表示
- 選択肢の表示
- プレビュー表示

●ヘッダー / フッターの編集①

- ①表示場所を指定
- ②ファイル名の表示
- ③表示場所を指定
- ④日付の表示

●ヘッダー / フッターの編集②

- ①表示場所を指定
- ②ページ番号の表示
- ③総ページ数の表示
- ④ファイルパスとファイル名の表示
- ⑤表示場所を指定

Section **Excel ビジネス活用術**

42 タイトル行は何度も入力しない！印刷用にタイトル行を設定する

5〜10分
SPEED UP

> この月次の売上表だけど、2ページ目以降にもタイトル行を入れて、印刷し直してくれないか？

> えっ？　はい……。わかりました。
> （先に言ってもらえると助かるんだけどな）

> リボンの「ページ レイアウト」タブにある「印刷タイトル」を使って「タイトル行」を設定してごらん。

> こんなに便利な機能があるなら、最初に教えてくださいよ。

複数ページの印刷で困ること

　Excel で複数ページにまたがる一覧を印刷する場合、初期設定では1ページ目にしかタイトル行（見出し行）が挿入されません。そのため、2ページ目以降を印刷した場合に、列に該当する項目名がわからなくて困ってしまう場合があります。

そんなときは、印刷用にタイトル行を設定することで、2ページ以降のすべての一覧の見出し部分にもタイトル行を挿入することができます。

タイトル行・列の設定方法

設定方法は、Alt → P（ページレイアウト）→ I（印刷タイトル）で「ページ設定」ウィンドウで「シート」タブが開くので、「印刷タイトル」欄から「タイトル行」ボックス右端のボタンをクリックします。すると「ページ設定 - タイトル行」画面が表示されるので、印刷タイトルに設定したい行をクリックして Enter を押します。「ページ設定」画面に戻ったら、「OK」をクリックすれば、設定完了です。

横長の表を印刷する場合には、同様にして、特定の列をタイトル列として設定することもできます。

印刷時のイメージを確認する

印刷時のイメージを確認するには、Ctrl ＋ P を押して表示される「印刷」画面で「次のページ」ボタンを押すと、すべてのページに見出し行が挿入されていることを確認できるはずです。

ここで紹介した技は、印刷しないで画面上で確認する文書の場合は必要ありませんが、紙で印刷する長めの名簿やリストなどでは重宝するはずです。ぜひ、覚えておいてください。

156

印刷用にタイトル行を設定する

●ヘッダー/フッターの設定

`Alt` → `P`（ページレイアウト）→ `I`（印刷タイトル）と押すと、ページ設定ウィンドウが開くので、印刷タイトルのタイトル行の右のボタンをクリック。

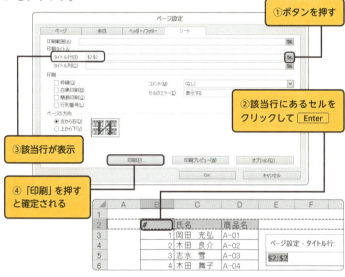

1ページ目

#	氏名	商品名
1	岡田 充弘	A-01
2	木田 良介	A-02
3	志水 雪	A-03
4	木田 舞子	A-04

2ページ目以降

#	氏名	商品名
59	多村 秀彦	A-59
60	矢薙 芳雄	A-60

Section **Excel ビジネス活用術**

43 コピペ技を極めて セル入力を超省力化する

5～10分 SPEED UP

Excelの仕事ってほとんどコピーと貼り付けですよね。その割に、貼り付けた結果が「残念」というか……。

Excelのコピー・貼り付け機能は、ほかのアプリよりも強力だと思うよ。Ctrl + D は知ってる？

選択しているセルの真上のセルをコピペしてくれるのか。これは便利ですね。

コピー・貼り付け機能をどれだけ知っているかで、効率が変わってくるから、よく勉強しておいて！

コピペを極めて時短

　コピー＆貼り付け（通称コピペ）は、おそらく最もよく使われるショートカットキーでしょう。**Excelでは、マウスを使うのと、キーボードを使うのとでは、所要時間に天と地ほどの差が生まれます。**コピペの基本は Ctrl + C と Ctrl + V ですが、実際にはこれ以外にも多くのコピー技があります。そこで、こ

こでは筆者が特によく使う9つの便利技を紹介します。

① Ctrl + D（範囲選択なし）

真上のセルを複写します。シンプルですが、かなり重宝する技です。

② Ctrl + R

真左のセルを複写します。何気に便利ですよね。

③ Ctrl + D／R（範囲選択あり）

コピー元セルを起点に下方向に選択範囲を作成して Ctrl + D を押すと、下方向に連続するセル範囲へ連続複写できます。同様に、右方向に選択範囲を作成して、Ctrl + R を押すと、右方向に連続するセル範囲へ連続複写できます。人に見せると驚かれことが多いのですが、①・②の発展技です。

④範囲選択→文字入力→ Ctrl + Enter

入力セルを起点に複数のセルへ同じ値を一括入力できます。

⑤〜⑨は「形式を選択して貼り付け」（Alt → E → S）を使う貼り付け技です。いずれも事前にコピー（Ctrl + C）操作が必要です。

⑤ Alt → E → S → V

セルの値だけを貼り付けます。

貼り付けたときに「罫線がじゃまだな」と思ったら使ってみ

第3章

資料作成術

マウスを使わず爆速で作りあげる！

159

てください。

⑥ Alt → E → S → T

セルの書式だけを貼り付けます。

気に入った書式を他のセルにコピペすることができます。複数の文書の書式を合わせるときに便利です。

⑦ Alt → E → S → C

セルに付けられたコメントだけを貼り付けます。

コメント機能を多用する筆者は便利に使っています。

⑧ Alt → E → S → W

コピー元のセルの幅に合わせて、コピー先セルの幅が調整されます。日付や金額などが入力されるセルは、列幅を揃えたほうがきれいに見えることがあります。

⑨ Alt → E → S → E

行と列を入れ替えて貼り付けます。作表のやり直しや、データの受け渡し時などに使えます。

ほかにもコピー技はありますが、これだけ知っていれば、間違いなく日常困らないレベルになります。たった9個です。何度か繰り返して覚えてみてください。

コピペ技を極めてセル入力を超省力化する

●いろいろなコピペ技

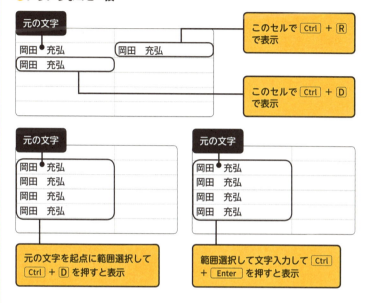

セルコピーの後、Alt → E → S を押して、貼り付け形式を選択→ OK

| Section | Excel ビジネス活用術 |

44 セルの書式設定とスタイル設定で見やすい資料を作成する

5〜10分
SPEED UP

売上順にソートした顧客データがあるんですが、もう少し「見た目」にこだわりたいんですよね。

セルの書式設定やスタイルを使ったらどうかな？

ありがとうございます。スタイルを使うと、ブックの基本書式を設定することもできるんですね。

そうだね。データの入力と書式の設定を切り離して考えられるメリットは大きいね。

セルの書式設定の使い方

　Excelは自由度の高いアプリです。作表していると、文字形式や文字配置、フォント書式、罫線の挿入、セルの塗りつぶしなど、フォントやセルにまつわる細やかな設定を行いたいシーンに出くわします。そういった設定作業がまとめて集約されているのが「セルの書式設定」です。Ctrl+1を押すと「セルの書式設定」画面が開き、すぐに設定を始められます。

「セルの書式設定」画面に並んでいる複数のタブは Ctrl ＋ Tab **で切り替えることができます。**

以下は筆者がよく使う「セルの書式設定」の設定項目です。

タブ	よく使う設定項目
表示形式	分類→日付→種類
配置	・横位置 ・折り返して全体を表示する ・セルを結合する
フォント	・フォント名 ・色 ・サイズ
罫線	・スタイル ・プリセット ・罫線

スタイル設定の基本

「書式設定」はセルごとの設定ですが、これをブックの単位でまるごと設定できるのが「スタイル設定」です。

ショートカットキー Alt ＋ Shift ＋ 7 **を押すとスタイル設定の画面が開きます。**「書式設定」ボタンを押すと「セルの書式設定」画面が開きます。**統一した書式で一覧や表を作りたいときは、最初にスタイル設定を済ませておくと、その都度書式を設定する手間を省けます。**

これらの書式設定とスタイル設定のショートカット技を覚えておけば、Excel 資料の編集効率は大幅に上がるはずです。

セルの書式設定とスタイル設定で資料を見やすく①

●セルの書式設定

`Ctrl` + `1` → `Ctrl` + `Tab` でタブ切り替え

表示形式

特に日付の表示形式の変更に利用

配置

セル内の文字の配置や折り返し指定に利用

フォント

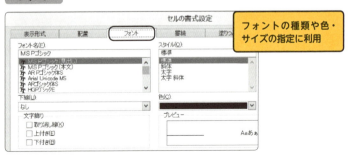

フォントの種類や色・サイズの指定に利用

セルの書式設定とスタイル設定で資料を見やすく②

罫線

罫線を引いたり、線のスタイル指定に利用

●スタイルの設定

`Alt` + `Shift` + `7`

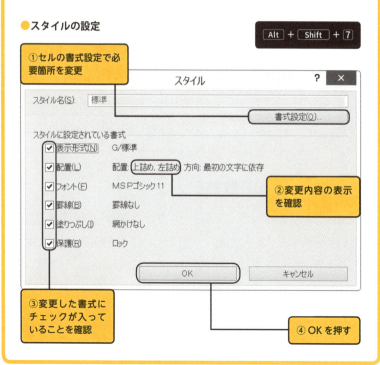

①セルの書式設定で必要箇所を変更

②変更内容の表示を確認

③変更した書式にチェックが入っていることを確認

④OKを押す

第3章 資料作成術 マウスを使わず爆速で作りあげる！

| Section | Excel ビジネス活用術 |

45 ビジネスパーソンが覚えるべき計算や作表に役立つ5つの厳選「関数技」

10〜15分 SPEED UP

関数って、たくさんあって覚えきれませんよね。どれから覚えたらいいんですか？

最初から「〇〇関数を覚えよう」と意気込まず、自分がよく作る書類で役立つ関数を覚えたほうがいいよ。

なるほど。たとえば、売上集計表だったら、どんな関数が役立ちますか？

人に頼っていたら、いつまで経っても覚えられないよ。

筆者一押しの関数技5つ

　関数というと難しそうなイメージがあるかもしれません。しかし、一覧やリストの作成に活用できれば、格段に仕事がはかどるようになります。

　そこで筆者が一押しする関数技を5つ紹介します。普段使いであれば、これだけ覚えておけば十分です。

関数の挿入

セル上で Shift + F3 を押すと「関数の挿入」画面が開き、選択肢の中から目的に合った関数を選ぶことができます。

この方法であれば、関数そのものを知らなくても、検索や分類から探して選択肢として現れる関数名と解説から、目的の関数を見つけることができます。もし何回か使っているうちに関数を覚えてしまえば、この機能を使わず、直接入力してもいいでしょう。

Shortcut	Shift + F3

小計の挿入

数字が入った列の最下行のセルで Alt + Shift + = を押すと、SUM関数（小計）が挿入されます。 瞬時に足し算ができるため、筆者も電卓の代わりに使っています。

Shortcut	Alt + Shift + =

当日日付を自動表示させる関数

セル上にファイルを編集した日付を自動表示させるには「=TODAY()」関数を使います。 印刷時に日付入力の手間を省いたり、所要日数や年齢などを計算したりする場合に使えます。

関数	=TODAY()

なお、この関数で表示される日付は、ファイルを開いたとき、

第3章

資料作成術

マウスを使わず爆速で作りあげる！

167

印刷したとき、F9 キーを押したときなどに更新されること
に注意してください。

表の行数を基準に連番を振る関数

表の行数を基準にして連番を振るには、ROW() 関数を
「=ROW()-（数字）」という形で使います。1 行目をタイトル行、
2 行目を項目行、3 行目からデータスタートさせたい場合には
「=ROW()-2」のようにして、A3 セル以降に連続コピーすれば、
1,2,3,4…と続けることができます。行を切り取り・移動しても、
行番号が自動採番されるところが便利です。

関数	=ROW()-（数字）

検索条件に一致するデータを抽出する

指定した範囲から検索条件に一致するデータを抽出するには
「=vlookup(検索値 , 範囲 , 列番号 ,[検索の型])」関数を使います。
たとえば、商品台帳を用意しておき、商品コードを入力すると、
単価や商品名を表示させるようなことができます。

2 つの名簿データ間で重複データがないかを調べる場合にも
使えます。

関数	=vlookup(検索値 , 範囲 , 列番号 ,[検索の型]):

関数をうまく使えば、ショートカットキー以上に効率化でき
ますので、ここで紹介した 5 つの技をマスターしてみてくださ
いね。

計算や作表に超役立つ関数技5つ①

●おススメの関数技5つ

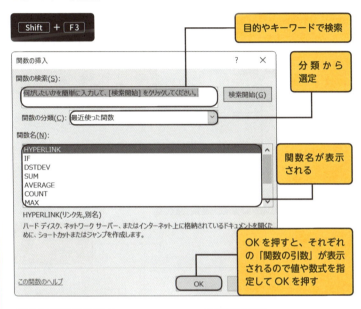

`Shift` + `F3`

目的やキーワードで検索

分類から選定

関数名が表示される

OKを押すと、それぞれの「関数の引数」が表示されるので値や数式を指定してOKを押す

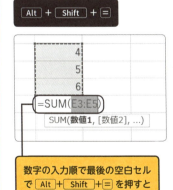

`Alt` + `Shift` + `=`

数字の入力順で最後の空白セルで `Alt` + `Shift` + `=` を押すとSUM関数が適用され小計値が表示（行・列ともに）

=TODAY()

=TODAY() と入力されたセルに、現在の暦年が表示

計算や作表に超役立つ関数技5つ②

`=ROW()-（数字）`

	A	B
1		
2	#	名前
3	1	
4	2	
5	3	
6	4	

行番号から2を引いた数字で連番を振るために、「=ROW()-2」をA3からA6以降にコピーすると、1から連番が表示される

`=vlookup(検索値,範囲,列番号,[検索の型])`

	A	B	C
1	商品台帳		
2	商品コード	商品名	単価
3	BCC-001	プールズ	500
4	BCC-002	ピクトグラム	500
5	BCC-003	バッジ	300
6	BCC-004	ステッカー	300

商品台帳を用意しておく

商品コードを入力すると、商品名と単価が自動表示

`=VLOOKUP(A11,$A$3:$C$6,2)`

9	下記の通り、お見積もり申し上げます。				
10	商品コード	商品名	単価	数量	金額
11	BCC-002	ピクトグラム	300	2	600
12	BCC-004	ステッカー	300	4	1200

`=VLOOKUP(B11,$A$3:$C$6,3)`

Section **Excel ビジネス活用術**

46 任意のセルに現在の日付と時刻を爆速で入力する

1〜5分
SPEED UP

Excelで出張時の行動記録をつけようと挑戦しているのですが、日付や時間の入力が辛くてくじけそうです。

日付と時刻はショートカットキーで入力できるよ。日付は [Ctrl] + [;]、時刻は [Ctrl] + [:] だよ。

日付と時刻は、1つのセルにまとめて入力できるんですか？

半角のスペースや改行で区切れば入力できるよ。

静的な日付を入力する

　Excelを使っていると、データの入力日や、データの更新日を入力する機会が多いことに気がつくはずです。

　ショートカットキーを使えば、日付や時刻を手入力しなくても、瞬時に入力することができます。

表の行数を基準に採番する関数

日時を入力したいセルにカーソルを置きます。そして、

・日付なら「 Ctrl + ; 」を

・時刻なら「 Ctrl + : 」を

押すと、瞬時に入力されるので、 Enter を押して確定させます。
この方法ですと、カレンダーや時計を見ながら手入力するより
も確実ですし、素早く入力することができます。

一つのセルに日時をまとめて入力

日付と時刻は、一つのセル内にまとめて入力することもでき
ます。

まず、日時を入力したいセルにカーソルを置きます。次に
セル上で「 Ctrl + ; 」を押して日付を入力します。ここで
Enter を押さず、空白または改行を入力して「 Ctrl + : 」を
押せば、同じセルに時刻を入力することができます。

この日時の入力技は、セル内だけでなく、メモ内でも使うこ
とができます。

筆者の会社でも、社内で使うシートには、すべて行単位で
更新日を入力するためのセルを設けているため、日付入力の
ショートカットキーを頻繁に使います。時刻入力については、
タイムカードの運用や、分単位で記録する計測業務などで重宝
されると思います。

また、かんたんな関数を組み合わせれば、所要時間を導き出
す一覧表を作れるなど、日時入力の応用範囲は広いといえるで
しょう。

172

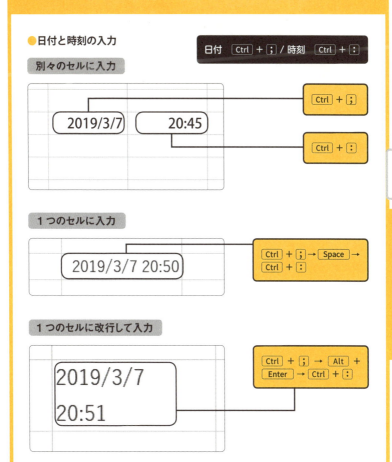

Section **Excel ビジネス活用術**

47 行と列の選択・挿入・削除を自在に操る

5〜10分
SPEED UP

この商品マスタ、最後に編集したの、だれだ？
行がズレてるぞ。

あ、すいません。自分です。Excelの行・列の移動が、どうもうまくできなくて。

さては、マウスを使ってるな。ショートカットキーを使えよ。元に戻すから、バックアップをくれ。

すぐ送ります！

ミスが出やすい行・列の編集

Excelで一覧表を作成していると、行や列を挿入・削除する機会が出てくると思います。

ただ、その都度マウス操作で行・列を選択して、右クリックで挿入・削除を選択するという手順を踏むと、ミスが起こりやすく、手間も増えます。ショートカットキーを使って、ミスを減らし、作業の効率化を図りましょう。

行・列の選択

行を選択するには、目的の行にカーソルを移動させ、英数字モードで Shift + Space を押します。

列を選択するには、目的の行にカーソルを移動させ、英数字モードで Ctrl + Space を押します。

この技は行・列の挿入や移動の際に使いますので、ぜひ覚えておきましょう。

新しい行・列の挿入と削除

行・列を選択して Ctrl + Shift + + を押すと、選択行の上、または選択列の左に新しく行または列が挿入されます。

行・列を選択して Ctrl + - を押すと、選択行または選択列が削除されます。

いずれも複数の行または列を選択してから実行すると、選択した行または列の数だけ挿入・削除することができます。

行・列のコピー・切り取りと挿入

行・列を選択してコピーまたは切り取った後、移動先の行・列を選択して Ctrl + Shift + + を押すと選択行の上または選択列の左に挿入することができます。行・列の入れ替えなどで筆者もよく使う技です。

最初はとっつきにくく感じるかもしれませんが、慣れると便利な技です。何度か繰り返して体で覚えてください。

行・列の選択と挿入を自在に操る

● 行・列の選択・挿入・移動

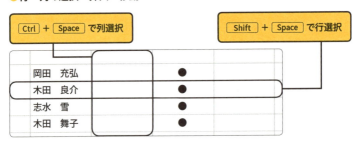

● 新しい行・列の挿入と削除

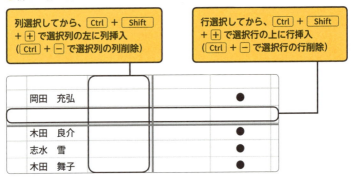

● 行・列のコピー・切り取りと挿入

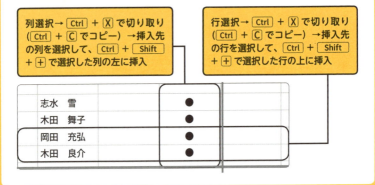

Section **Excel ビジネス活用術**

48 マウスよりも早い！シート内の目的のセルに爆速で瞬間移動する方法

1〜5分
SPEED UP

この集計表って縦に長すぎませんか？
カーソル押しっぱなしで、小指がツリそうです。

もしかして、カーソル連打で移動しているの？
集計行だったら Ctrl + ↓ で飛べるよ。

ありがとうございます！　ぼくの小指が喜んでいます。任意セルにも飛べるんですか？

目的のセルの列見出しと行番号がわかっていれば飛べるよ。Ctrl + G と押して試してごらん。

カーソルキー以外の移動技を極める

　印刷すると何ページにもおよぶシートでは、ちょっとしたカーソル移動やスクロールも一苦労ではないでしょうか。

　特に ↑ ↓ ← → キーでカーソルを移動しようとすると、キーボードを何度も連打しないといけませんが、あまりスマートとはいえません。実は、ショートカットキーを使えば、もっとか

んたんに、カーソルを移動させることができます。ここでは、筆者がよく使う5つの技をご紹介します。

① Page Up （PgUp）／Page Down （PgDn）

カーソルを1ページ単位で上下方向に移動させることができます。縦に長いシートを確認する場合に役立ちます。

② Ctrl ＋ ← →

カーソルをデータ領域の左・右端列に移動させることができます。たとえば、横に長いシートで、最前列や最終列の付近のセルを編集したい場合に使うと、最短時間で目的の場所にカーソル移動させることができます。

③ Ctrl ＋ ↑ ↓

カーソルをデータ領域の先頭行・末尾行に移動させることができます。

④ Ctrl ＋ Home

カーソルを（どんな位置からでも）シートの左上端（A1）セルに移動させることができます。

⑤ Ctrl ＋ G

Ctrl ＋ G で開いたジャンプウィンドウの参照先欄にセル番号を入れてOKを押すと、そのセルまで直接カーソル移動することができます。

178

シート内を思うままに瞬間移動する

●シート内のカーソル移動

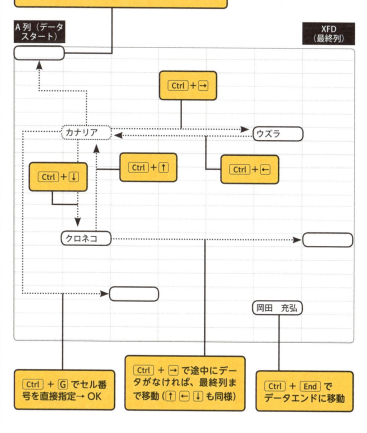

※ ⌒⌒⌒は元の文字、⎡　　　⎤は移動先セル
……▶は移動の方向

Section **Excel ビジネス活用術**

49 価値ある情報だけを抽出する！フィルター機能を自由自在に使いこなす

5〜10分
SPEED UP

アドバイスに従って、Excel に顧客名簿を作っているんですが、うまく活用できていないんですよね。

今度の出張先をキーにして表示を絞り込んでごらん。オートフィルター機能を使うといいよ。

なるほど。近隣の顧客一覧が手に入るんですね。せっかくの機会だし、アポイントを取ってみます。

目に入る情報を制限してあげると、ストックした情報から価値ある情報を見つけやすくなるよ。

価値ある情報を見つける技

　何らかの名簿やデータなど、これまで集めた情報資産がパソコンの中で埋もれたままになっていないでしょうか？　ここで紹介したいのは Excel のフィルター機能です。この機能を使えば、大量の情報の中から価値ある情報だけを抽出して仕事に活用できるようになります。

ちなみに筆者は縁のあった方々の連絡先などを、Excel で作った名簿にすべて記録・管理しています。打ち合わせなどで外出するときは、この名簿を開いてフィルター機能で移動先周辺に勤務する友人を見つけ、ランチやお茶のアポを入れています。そうすることで一度の外出の価値を、2 倍にも、3 倍にも高めることに成功しています。

フィルターの設定（ Ctrl ＋ Shift ＋ L ）

　条件に合致する情報を取り出すためには、フィルターを設定する必要があります。オートフィルターをかけたい行の上までカーソルを移動し、 Ctrl ＋ Shift ＋ L を押します。すると項目データが入っている範囲にフィルターがかかります（再度 Ctrl ＋ Shift ＋ L を押せば、フィルターを取り消せます）。

フィルターを使った条件設定（ Alt ＋ ↓ ）

　見出し行のセル上で Alt ＋ ↓ を押すと、条件を設定するためのウィンドウが開きます。絞り込むための条件を選択または入力して「OK」を押すと、条件に該当する行だけが表示されます。

　チェックボックス型の条件は、 ↑ ↓ キーで項目を選択して Ctrl ＋ Space を押すことで、オン / オフを切り替えられます。

　これらの技を活用すれば、重点営業リストや販売実績の分析資料など、付加価値の高い資料を短時間で作れるようになるので、社内で一目置かれる存在になれるはずです。

第 3 章

資料作成術

マウスを使わず爆速で作りあげる！

181

フィルター機能を使って価値ある情報だけ抽出する

●フィルターの超活用法

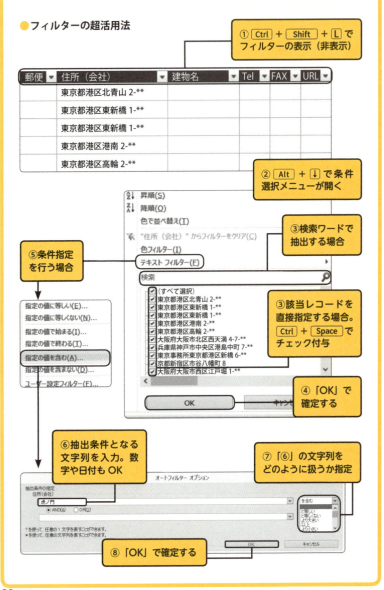

Section **Excel ビジネス活用術**

50 手入力・入力ミスを一掃する！入力規則を使ったリスト入力を実現する

10〜15分 SPEED UP

うちの注文書ってお客さんに商品名を手入力させていますけど、不便じゃないでしょうか？

そうだな。じゃあ、入力規則を使って、メニュー操作で選べるように注文書を変更してくれないか？

それはいいですね！　って、自分がやるんですか？

いい提案だと思うし、うまくできたら、一杯奢るよ。いつもの店で、好きなメニューを選んでいいよ。

入力の二度手間を省く

　データシートなどで、何度も同じ英数字や言葉を入力するのは、手間がかかることに加えて、ミスも起こりやすくなります。そんなときはExcelの「入力規則」という機能を使ってよく使う英数字や言葉を登録しておけば、リストから選択入力することができます。

183

入力規則でリスト作成

「入力規則」にリスト登録する具体的な方法を紹介します。Alt → D → L を押すと「データの入力規則」が開くので、設定タブの「入力値の種類」で「リスト」を選びます。「元の値」にはリスト表示させたい複数のデータを「,」で区切って入力し、最後に「OK」を押せば登録完了です。

入力規則でリスト入力

リスト登録した後は、入力規則を設定したセルまでカーソル移動すると下矢印ボックスが現れます。そこで Alt + ↓ を押すとリストが表れるので、選択肢の中からいずれかを選んで OK を押せば入力完了です。

入力規則を使わずリスト入力

「入力規則」を設定しなくても、すでにデータ入力がある程度済んでいる列であれば Alt + ↓ を押すだけで、リストが表れ、選択肢のいずれかを選んで OK を押すと入力完了になります。

筆者は、タスク管理表の進捗ステータス（Open・On-Going・Close）や重要度（High・Mid・Low）、アンケートの回答選択肢（1・2・3・4・5）などを入力規則でリスト登録して活用しています。普段使っている管理表や一覧を見直してみて、繰り返し使っているような定型の言葉などがあれば、入力規則を試してみることをお勧めします。

入力規則を使ってリスト入力をする

●「入力規則」でリスト作成

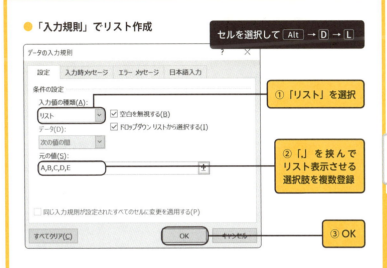

セルを選択して Alt → D → L

① 「リスト」を選択

② 「,」を挟んでリスト表示させる選択肢を複数登録

③ OK

●「入力規則」でリスト入力

登録したセルにカーソルを移動させると下矢印ボックスが出現。Alt + ↓ で選択文字が表示されるのでOKを押して確定

●「入力規則」を使わずリスト入力

文字が入った列の空白セルで Alt + ↓ を押すと、その文字が選択肢として表示されるので、選んでOK

Section **Word ビジネス活用術**

51 長い文章をブレずに書く！アウトラインと目次機能で文書構造とバランスを意識する

10〜15分 SPEED UP

先週提出してくれた、製品マニュアルの原稿だけど、機能によって詳しさや説明の分量がバラバラだな。

長文の説明って難しいんですよね。書いている途中で内容がブレてきちゃうんですよ。

先に全体の構造と分量の目安を決めるといいよ。Wordのアウトライン機能や目次機能は使ってる？

あるのは知っていますが、使い方はいまいちです。

長い文章をうまく書くコツ

　論文やリポートのような長文を書くときは、行き当たりばったりで書き始めてしまうと、内容が偏ってしまったり、具体性に濃淡が生じたりするなど、全体的にバランスが悪くなりがちです。最初に伝えたいメッセージを明確化した上で、全体の流れや構造を決めていくことで、内容のバランスが良くなり、細部に気を配りやすくなります。

単位換算表代わりの単位換算機能

Word では「アウトライン」という機能を使って「見出し」を考えて行くことで、バランスのとれた文書構造を作ることができます。

Alt → W → U を押すと、Word の画面が「アウトライン表示」に切り替わり、見出しの編集を効率よく行えるようになります。「アウトライン表示」から、通常の「印刷レイアウト」表示に戻すには Alt → W → P を押します。

「アウトライン表示」の使い方は Section 52 で説明します。

自動作成の目次

アウトライン表示と同じく、文章の構造理解に役立つのが目次機能です。目次機能を使うと、アウトライン表示を使って組み立てられた文章から、自動的に目次を作成することができます。目次の作成後に文章を書き換えても、更新ボタンを押すだけで自動更新してくれます。

目次を作成するには、目次を挿入したい場所にカーソルを移動し、Ctrl ＋ Enter を押して改ページし、目次挿入のための場所を作ります。その後 Alt → S → T で目次メニューを開き「自動作成の目次 1」を選択すると、一瞬で目次が作成されます。

アウトラインと目次は、長文作成の基本ですから、ぜひ覚えておくことをお勧めします。

アウトラインと目次機能で文書構造を作る

● アウトラインの設定

Alt → W → U でアウトラインモードへ

- 第1章　最速で欲しい情報を手に入れる！「情報検索編」_181127
  - 8. 思いついたら秒で検索する 181030 済
  - 9. 検索精度を高める Google ワザ（Google）　181105 済
  - 10. 文書はゼロから作らず雛形を検索する（Google）181106 作業済
  - 11. Google を検索以外の便利ツールとして使う（Google）181124
  - 12. 名前が思い出せない時こそ画像検索にたよる（Google）181127

＋マークをダブルクリックすると、下位のレベルが展開

- 第1章　最速で欲しい情報を手に入れる！「情報検索編」_181127
  - 8. 思いついたら秒で検索する 181030 済
    - 先輩　こないだ言ってた関西の地下街で謎解きイベントやってる会社ってなんて名前だっけ？
    - 後輩　ちょっとぐぐって調べてみますね、あっクロネコキューブって言うみたいですね。
    - 先輩　おっ、速いな（たのもしいな）
    - 後輩　他にも知りたい情報があれば言ってくださいね（技を聴いておいて良かった〜）
    -
    - 今のような変化の速い時代においては、適切な情報に如何に素早くリーチできるかが勝敗を大きく分けます。そしてその中で重要な役割を担うのが Google を代表格とする検索エンジンであり、それらを巧みに使いこなすことで、常に情報を所有する必要がなくなり、身軽にパワフルな働き方に近づいていけます。
    -
    - 人は何か知りたいと思った時すぐに検索できないと、「まっ、いっか」という気持ちが芽生えて行動しなくなりがちです。そうならないようにするために、思いついたら瞬時に検索するための3つの方法をご紹介いたします。

レベル1

レベル2

本文

● 目次の挿入

目次を挿入したい位置で Alt → S → T

① 目次のメニューが開くので、「目次の挿入」を選択

② 本文やアウトラインのレベルを判別し、目次が自動作成される

Section **Word ビジネス活用術**

52 アウトライン表示でアウトラインレベルを自在に変更する

1〜5分
SPEED UP

アウトライン表示で文書構造を編集していると、レベルを変更したくなるんですが、どうされていますか？

自分はショートカットキーかな。レベル下げは Tab 、レベル上げは Shift + Tab だよ。

これは便利ですね。
アタマで考えるペースで編集できます。

Alt + Shift + → / ← なら。アウトライン表示でも、印刷レイアウトでも使えるよ。

アウトラインを操るショートカットキー

　アウトラインは段落に階層構造（レベル）を設定することで、文章構造を作れる便利な機能です。通常、レベルを変えるにはリボン上のアウトラインツールの欄から「レベルの表示」をクリックしてレベル選択しますが、設定完了するまでに何回もクリックするのが手間になります。そこでショートカットキーを

使ってかんたんにレベル変更する方法を紹介します。

段落レベルの上げ・下げ

アウトライン表示で目的の段落にカーソルを置いた状態で、Tab を押すと一段落レベルを下げ、Shift + Tab を押すと一段落レベルを上げます。

印刷レイアウトでも、Alt + Shift + → でレベルを下げ、Alt + Shift + ← でレベルを上げることができます。

Shortcut　Tab ／ Shift + Tab （アウトライン表示限定）

Shortcut　Alt + Shift + → ／ ←

段落レベルを「本文」に変更

アウトラインを使って文書作成を行う場合、最下層となる文章は段落レベルでは「本文」です。「本文」は頻繁に使うため、ショートカットキーを紹介しておきます。

アウトライン表示の状態で、Ctrl + Shift + N を押すと、カーソルが位置する文章の段階レベルは「本文」に設定されます。

Shortcut　Ctrl + Shift + N

みなさんも活用してみてください。

アウトラインで段落レベルを自在に設定する

●段落レベルの設定

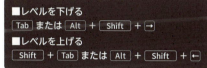

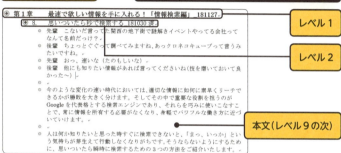

●段落レベルを本文に変更

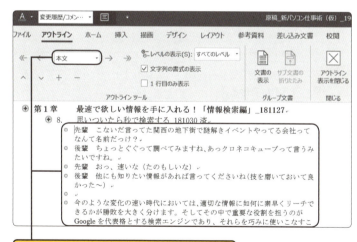

Section **Word ビジネス活用術**

53 アウトライン表示でアウトラインのレベル別表示と項目移動を一瞬で片付ける

1〜5分
SPEED UP

アウトライン表示で全体を見直していると、項目を並べ直したくなりませんか？

そうだね。まず Alt + Shift + 1 〜 9 でアウトラインに表示させるレベルを選択してみて。

選択したレベルよりも上のレベルの見出しだけが表示されますね。

その状態になら、 Alt + Shift + ↑ / ↓ で並べ替えができるよ。

アウトライン表示で項目を並び替える

　アウトライン表示は、文書の全体像を俯瞰しながら文章作成を進めることのできる大変便利な機能です。

　ところが、ふと「章や節など、特定の段落レベル別に全体像を見直したいと思うと、通常はリボンから「アウトライン表示」を選び、レベル表示を指定する必要があります。

段落レベル別にアウトライン表示

そこで、マウスを使わずに、一瞬でレベル別の表示に切り替える方法を紹介します。**アウトラインモードで、表示したい段落レベルに応じて** Alt ＋ Shift ＋（段落レベルを表わす数字）**を押す**だけです。

たとえば、文書構成が章・項目・本文の３段階でアウトラインを設定しているとしましょう。**レベル１である「章」を展開表示するには** Alt ＋ Shift ＋ 1、**レベル２である「項目」を展開表示するには** Alt ＋ Shift ＋ 2 **といった感じ**になります。ちなみに、アウトラインの最下層に位置する「本文」を展開表示するには Alt ＋ Shift ＋ A を押します。もう一度 Alt ＋ Shift ＋ A を押せば、元々のレベル表示に戻ります。

Shortcut	Alt ＋ Shift ＋（段落レベルを表わす数字）

Shortcut	Alt ＋ Shift ＋ A

段落個々に展開・折りたたみ

段落レベル別にすべて展開してしまうのではなく、選択した段落個々に展開したい場合は、Alt ＋ Shift ＋ + で選択した段落レベル以下を展開します。また、Alt ＋ Shift ＋ − で選択した段落レベル以下を折りたたむこともできます。

193

アウトライン上での段落の移動

アウトライン機能を使ってレベル別表示をした後に、バランスを見ながら章の順番を入れ替えたい場合があると思います。

そんなとき、アウトライン表示を解除してから、移動したい文章を切り取り・貼り付けしていたのでは手間がかかり、ミスも起きやすくなることでしょう。

そこで、ショートカットキーを使って段落をかんたんに入れ替える方法を紹介します。

アウトライン表示の「レベルの表示」で、移動させたい段落が位置するレベルを選択します。そして、**入れ替えたい段落行にカーソルを移動させ、Alt + Shift + ↑/↓ で、目的の位置まで項目を移動**させます。段落を移動させてから並びに違和感があれば、項目名を修正したり、さらに移動させたりすればいいでしょう。

少々クセのある技だとは思いますが、章・項目の編集作業には、必須の技だと思いますので、ぜひ慣れてもらえればと思います。

アウトラインのレベル別表示を一瞬で

●段落レベル別に表示

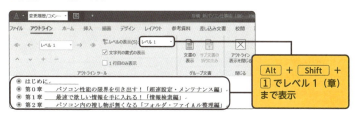

Alt + Shift + 1 でレベル1（章）まで表示

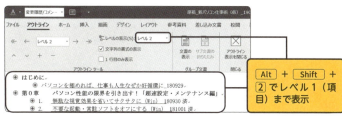

Alt + Shift + 2 でレベル1（項目）まで表示

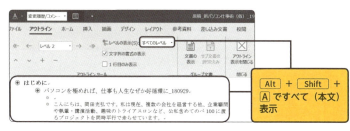

Alt + Shift + A ですべて（本文）表示

●段落個々に展開・折りたたみ

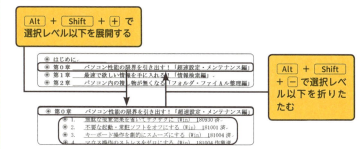

Alt + Shift + + で選択レベル以下を展開する

Alt + Shift + - で選択レベル以下を折りたたむ

第3章　資料作成術　マウスを使わず爆速で作りあげる！

195

段落をキーボード操作で移動

●段落の移動（レベル1〜9）

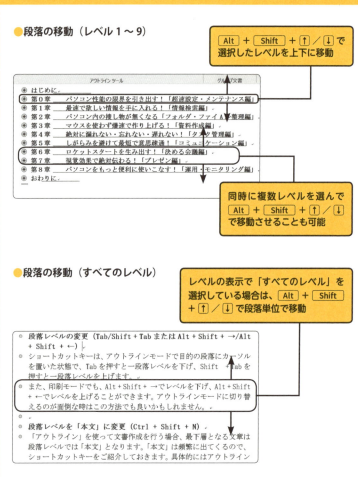

Alt + Shift + ↑/↓ で選択したレベルを上下に移動

同時に複数レベルを選んで Alt + Shift + ↑/↓ で移動させることも可能

●段落の移動（すべてのレベル）

レベルの表示で「すべてのレベル」を選択している場合は、Alt + Shift + ↑/↓ で段落単位で移動

段落の移動距離が長い場合は、行の切り取り・貼り付けやドラッグ＆ドロップを使って移動させることも可能。その場合は、行を選択して Ctrl + X で切り取り、移動先の行頭で Ctrl + V を押して貼り付けると挿入される。

Section **Word ビジネス活用術**

54 マウスの逆襲?! 単語・行・文・段落・全体を一気に選択するクリック技

1〜5分
SPEED UP

Wordで単語や段落を選択するのって、わりとストレス溜まりますよね。

そうだね。F8 キーを使ったショートカットもあるけれど、クリック操作のほうが速い気がするな。

書くときとは書く、編集は後からと決めてしまえば、マウスを使うのもアリですね。

確かに。たまにはいいこというね。

文字選択だけはマウスを使う

　本書ではできるだけキーボード操作で完結することを推奨していますが、筆者が唯一自分にマウス操作を許しているのが、文字選択の技です。ここでは、代表的な5つの技をご紹介します。地味ですが、日々の仕事に必ず役立ちます。

①単語の選択

段落内の任意の位置で2回クリックすると、単語を選択することができます。特定の単語をコピーする場合に便利です。

②行の選択

左側の余白の部分までポインターを動かして矢印になったら、1回クリックすると「行」を選択できます。行のコピーや切り取りなどに役立ちます。

③文の選択

段落内の任意の位置で Ctrl を押しながらクリックすると直近の「。」までの文章が選択されます。

④段落の選択

段落内の任意の位置で3回クリックするか、左側の余白の部分でポインターが矢印になったら2回クリックすると段落が選択されます。文書編集以外にも、自分集中して読み込みたい箇所をハイライトしたり、他人と画面を見ながら会話する際、注目ポイントを目立たせる役割を果たしたりしてくれます。

⑤文章全体の選択

段落内の任意の場所で Ctrl ＋ A 、左側の余白の部分で Ctrl を押しながらクリック、左側の余白の部分で矢印になったら3回クリック、これら3つの方法で文書全体を選択することができます。

クリックで単語や段落、文章全体を一気に選択する

●さまざまな文書の選択方法

【行の選択】
左側の余白の部分までポインタを動かして矢印になったら、1回クリック

【文字の選択】
段落内の任意の位置で2回クリックする

① 文字の選択：段落内の任意の位置で2回クリックすると、単語を選択することができます。この技は特定の単語や言葉をコピーする場合に大変便利です。

② 行の選択：左側の余白の部分までポインタを動かして矢印になったら、1回クリックすると「行」を選択できます。行のコピーや切り取りなどに役立ちそうです。

③ 文章の選択：段落内の任意の位置でCtrlを押しながらクリックすると直近の「。」までの文章が選択されます。何らか一文を区切りの良くコピーまたは切り取りするのに丁度よさそうです。

④ 段落の選択：段落内の任意の位置で3回クリックするか、左側の余白の部分でポインタが矢印になったら2回クリックすると段落が選択されます。この技は文書編集の目的以外にも、自身が集中して読み込みたい箇所を選択したり、他人と画面を見ながら会話する際どこを見るべきかを示す目印の役割をも果たします。

⑤ 文章全体の選択：段落内の任意の場所でCtrl＋Aを押すか、左側の余白の部分でCtrlを押しながらクリックするか、左側の余白の部分で矢印になったら3回クリックするか、この3つの方法で文書全体を選択することができます。

【段落の選択】
段落内の任意の位置で3回クリックするか、左側の余白の部分でポインタが矢印になったら2回クリック

【文書全体の選択】
任意の場所でCtrl＋Aか、左側の余白の部分で矢印になったらCtrlを押しながらクリックか、左側の余白の部分で3回クリック

【文章の選択】
段落内の任意の位置でCtrlを押しながらクリック

第3章 資料作成術

マウスを使わず爆速で作りあげる！

199

Section **Word ビジネス活用術**

55 文章の意図を伝わりやすく！文字サイズの変更や太字処理にかかる手間を最少化する

1〜5分 SPEED UP

フォントのサイズを変えたり、太字にしたりするのって、思ったより時間がかかりますね。

そうだね。選択範囲を作るのが大変だしね。でも、ショートカットキーを使えば、少しは楽になるよ。

Ctrl + Shift + < / > でフォントサイズを変えられるのは助かりますね。

ビジネス文書は内容がいちばん大切だから、装飾はほどほどにね。

リボンを使わず文字サイズを変える

　ビジネス文書のタイトル行など視覚的にメリハリをつけたり、宣伝広告や台本などで感情の抑揚を表したいときなど、一部の文字サイズを大きくしたり、太字にすることがあると思います。そんなとき、その都度リボンからマウス操作でフォントサイズの変更や太字処理をするのも面倒なので、ショートカッ

トキーを使って素早く実行できる方法を紹介したいと思います。やり方はとてもかんたんです。対象の文字を選択して、以下のショートカットキーを押すだけです。

文字をひと回り大きく

`Ctrl` + `Shift` + `<` を押すと文字が一段階大きくなります。

Shortcut	`Ctrl` + `Shift` + `<`

文字をひと回り小さく

`Ctrl` + `Shift` + `>` を押すと文字が一段階小さくなります。

Shortcut	`Ctrl` + `Shift` + `>`

文字を太字に

サイズ変更とともによく使われる太字処理は、文字を選択して `Ctrl` + `B` を押すだけです。

Shortcut	`Ctrl` + `B`

これら3つの技は文字装飾の基本技なので、日常的に使う頻度も高くなることでしょう。謎解きイベントを企画する筆者の会社でも、企画書や台本を書いたりするときに「ごごごごごっ」のような情景や感情の描写にこれらの技は使われています。

文字のサイズ変更や太字処理で文章を表現豊かにする

●サイズ変更と太字

Ctrl + Shift + > で1段階大きく
Ctrl + Shift + < で1段階小さく
Ctrl + B で太字に

企画書のタイトル例

> 仕事力を上げなくても絶対に残業が減る！
>
> ## パソコンの時短ワザ（仮）
>
> ■企画概要
> 最近、定番的な仕事術の本が好調です。読者を煽るようなテーマのビジネス書が多
> この手の本が逆に目立つようになったのではないかと考えております。
>
> 例）
> 『絶対にミスをしない人の仕事のワザ』（明日香出版社）。
> 『トヨタで学んだ「紙1枚！」にまとめる技術』（ザンマーク出版）。

文字を選択して、Ctrl + Shift + < でフォントサイズを大きくしてから、Ctrl + B で太字に。1行目と2行目で異なるサイズにすることでメインとサブのテーマを視覚的に分ける

文中の章立て例

> 第1章 仕事が10倍速くなる「作業編」
> 1. ショートカットキー操作に適した手の置き方（Win）
>   パソコンキーをバシバシ叩いているのに、なぜか
>   社会人最初の会社から外資系コンサルティング会
>
>   それまで前職での経験にはそれなりの自信はあっ
>   ジェクトで出会った先輩女性コンサルタントのあ
>   受けました。彼女は一切マウスを使うことなく、

文字を選択して、Ctrl + Shift + < でフォントサイズを大きくしてから、Ctrl + B で太字に。章の区切りを分かりやすくする効果あり

文中の強調例

> 例えば企画書や台本で「ななななんと！」と登場
> ワーが違いますよね。それだけ、文字の大きさや太さがメッ
> なのです。
> うまく活用して、魅力的な企画書に仕上げて
>
> 42. 選択した文字フォントの種類や色を変える
>   あふぁふぇ
> 43. 選択した文字フォントにアンダーラインを

文字を選択して、Ctrl + Shift + < でフォントサイズを大きくしてから、Ctrl + B で太字に。文中の言葉や台詞を強調し、文章に抑揚を与える

Section **Word ビジネス活用術**

56 文書の内容や目的に合ったフォントや文字色を選択して演出上手になる

1〜5分
SPEED UP

客先で「デザインセンスがない」っていわれちゃいました。内容とフォントが合ってなかったみたいです。

フォントを変更するショートカットキーと、自分がよく使うフォントを教えるから、元気出しな。

デザインセンスって、学べるものなんですか？
正直、納得がいかないんですよ。

ほかの人が、どんな書類で、どんなフォントを使っているかを、じっくりと観察することだね。

フォントは目的で選ぶ

　文書作成時に、文字のサイズ変更や太字処理の次によく使うのが、文字に装飾をほどこすためのフォントの種類や色の変更ではないでしょうか？　これらはマウスを使わず、ショートカットキーを使ってすべてキー操作で実行可能です。

203

Ctrl ＋ D を押すとフォントの設定画面が開きます。フォントの種類変更は、「日本語用のフォント」や「英数字用のフォント」でそれぞれ目的に合ったフォントを選びます。

　一般的なビジネス文書やリポート類であれば格調を重んじて「MS 明朝」、マニュアルやプレゼン資料などであれば識字性をとって「MSP ゴシック」、英数字であれば汎用性をとって「Century」や「Arial」が一般的によく使われています。
ちなみに筆者の場合は、以下のように使い分けています。

文書タイプ	目的	フォント名
プレゼン資料	親しみやすさを高めたい	HG 丸ゴシック M-PRO
キャッチコピー	言葉に鋭さをもたせたい	HG 正楷書体 -PRO
タイトル、スローガン	注目を集めたい	HGP 創英角ゴシック UB HGP 創英角ポップ体

　フォントの色については、デフォルトでは「自動」になっており、実質は黒が用いられていますが、筆者は強調したい箇所や警告箇所などについては赤字、何らかの意味を付加したい箇所については青字を選ぶようにしています。

　その他、フォントの設定画面では、スタイルやサイズの選択、下線や取り消し線の指定などもできますので、**文字装飾に迷ったら、いったん Ctrl ＋ D を押してみる**といいでしょう。

　内容によってうまくフォントの種類や色を使い分けることができれば、文書としての読みやすさや雰囲気はぐっと変わってくるはずです。

文字フォントの種類や色を使いやすく変える

●フォントの種類と色の変更

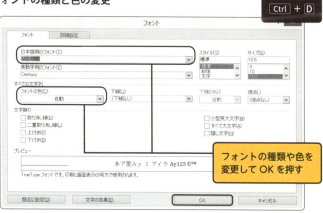

●よく使われるフォント

●筆者がよく使うフォント

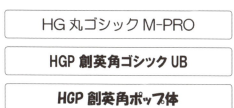

Section **Word ビジネス活用術**

57 モノクロ印刷でこそ活きる! アンダーライン徹底活用法

5～10分
SPEED UP

残業して作ったカラフルなプレゼン資料が、モノクロプリンターで印刷されて会議で配られたんです。

あはは。みんな、一度は経験するよね。
「読みづらい!」っていわれたでしょ?

いわれました（泣）。
モノクロで作り直すのに、良い方法はありませんか?

好き嫌いが分かれるけれど、アンダーラインはどうかな? いろいろな用途で使えるよ。

意外に使える! アンダーライン

　文字の下に下線を引くアンダーラインという機能を知らない人はいないかもしれませんが、実はこの機能には単純に見えていくつか便利な利用用途があります。

　ここでは、代表的な3つの使い方を紹介したいと思います。

①読み手にとって重要な箇所に使う

　下線を引くことで、相手に対して見間違うことなく明確に伝えることができます。アンダーラインは、文字色を変更するのと違って白黒印刷時でもはっきり視認できますし、太字よりも目立ちやすいという利点があります。

②自分が備忘的に覚えておきたい箇所に使う

　自分への意識づけが目的なので、紙に下線を引くように文書上に直接下線を引いてしまっていいでしょう。筆者の場合は、セミナー参加時の備忘録や会議の議事録などで使うことが多いです。

③空白欄を作る

　最後は、＿＿＿＿＿＿のように穴埋め問題の空白欄を作るのに使う場合です。申し込みフォームやアンケートの回答用紙の作成には必須のスキルといっていいでしょう。

　ちなみにアンダーラインを引くためのショートカットキーは、文字選択してから Ctrl + U です。

Shortcut	Ctrl + U

　驚くほどかんたんなんですよね。文字を強調する太字処理（Ctrl + B）と一緒に使われることが多いので、セットで覚えておくといいでしょう。

第3章

資料作成術

マウスを使わず爆速で作りあげる！

意外と使えるアンダーライン徹底活用法

●アンダーラインの利用用途

`Ctrl` + `U`

1 重要だと思う箇所や特に強調したい部分に使う場合

まずは、重要だと思う箇所や特に強調したい部分に使う場合です。下線を引くことで、読み手に対して見間違うことなく明確に伝えることができます。アンダーラインは、文字色を変更するのと違って白黒印刷時でもはっきり視認できますし、太字よりも目立ちやすいという利点があります。

2 読み手にとって重要な箇所や強調したい部分に使う場合（議事録など）

■開催日時：12:40 2019/03/15

■開催場所：クロネコ本社

■参加者：クロネコ　　　・　　　・　　　・岡田（筆）　　※敬称略

■検討課題：共有サーバーの容量制限と運用方法について。

■討議内容：

【現状分析】

・現状は、「自主公演」と「受託公演」のフォルダに多くの制作ファイルが・・

・＊＊。

3 穴埋め問題の空白欄を作るために使う場合（アンケートなど）

ちなみに①②でアンダーラインを引くためのショートカットキーは、文字選択してから＿＿＿＿＿です。驚くほど簡単ですよね。文字を強調する太字処理＿＿＿＿＿＿＿と一緒に使われることが多いので、セットで覚えておくといいでしょう。

Section **Officeアプリ共通テクニック**

58 印刷プレビューでミスなくイメージ通りに印刷する

5～10分
SPEED UP

Excel や Word で作った文書を印刷してみたら、画面表示とちがって困ったことありませんか？

それも、あるあるだね。「印刷プレビュー」で確認してから印刷すると確実だよ。

画面表示と印刷プレビューで、変わるんですね。
だまされた気分ですけど、使ってみますね。

社外にデータで送るときは、印刷プレビューで確認してから、PDF に書き出して渡してね。

印刷プレビューで印刷ミスを防ぐ

　文書作成の段階では印刷後のイメージがつかみにくく、思ったように印刷ができないケースは割とあると思います。そんなときは、「印刷プレビュー」で印刷後のイメージを確認しながら、印刷設定を行うことをお勧めします。

　「印刷プレビュー」を開くには Ctrl ＋ P を押します。取り消

しは Esc です。これらは Word だけでなく、Office アプリ共通です。ここでは、印刷プレビューでよく使う印刷設定を紹介します。

①印刷するページの選択

すべてのページ、または必要なページだけを指定することができます。

②片面・両面印刷の選択

両面印刷を行いたい場合に使います。両面印刷はプリンターが対応していない場合には使えません。

③印刷単位の選択

ページ単位で印刷するか部単位で印刷するかを選べます。

④印刷の方向（縦・横）

印刷用紙の長い方を、縦・横どちらに向けるかの設定です。

⑤用紙の選択

用紙サイズの選択です。日本では A4 サイズが一般的です。

⑥余白の幅設定

デフォルトは余白が広いため、筆者は狭めに設定します。

⑦1枚あたりの印刷ページ数

コンパクトな冊子やラベルの印刷に利用します。

印刷プレビューでミスなくイメージ通りに印刷する

● 印刷のプレビューと設定

印刷画面

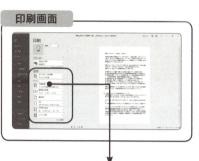

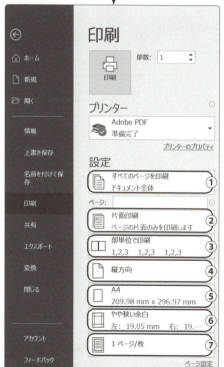

① 印刷したい全部または個々のページを指定

② 片面または両面の印刷を選択

③ 印刷をページ単位か部単位にするかを選択

④ 印刷の向きを縦方向か横方向かを選択

⑤ 用紙のサイズを選択

⑥ 印刷時の余白を設定

⑦ 印刷1枚あたりに収めるページ数を指定

第3章 資料作成術 マウスを使わず爆速で作りあげる!

Section **Word ビジネス活用術**

59 急ぎの仕事でこそ実行したい！スペルチェックと文章校正でミスをゼロにする

10〜15分
SPEED UP

この報告書、表記揺れが多くて読みづらいな。これじゃ上に出せないぞ。

でも、締切まで時間がないんですよ。このあとアポも入っていて……。どうしましょう？

仕方ないな。「スペル チェックと文章校正」で見つかったところだけ潰しておくよ。

ありがとうございます！
（そういう機能があるんだ。次回から活用しよう。）

世の中にミスをしない人はいない

　文書作成の途中で、無意識のうちに誤った言葉や漢字を使っていたり、句読点を入力し忘れていたりすることは、おそらく誰しも経験ありますよね。世の中にミスをしない人はいないはずです。反省を繰り返すよりも、自分でミスをどのように見つけて、どのように対処するか考えておく方が重要です。

Word には文章中のミスを発見し、対処するための支援機能が備わっています。**Word で文書を開いて F7 キーを押すと、入力誤りの指摘や修正候補が表示されます。**修正候補の中に適切なものがなければ、「無視」や「すべて無視」を押すと、続く文章の確認を進めてくれます。

修正候補が表示されたものの、元の語句に誤りがなければ、「辞書に追加」を選択することで、以降、正しい単語として認識されるようになります。

Wordが確認してくれること

Word では、主に以下のような点を確認・指摘してくれます。

読みやすさ	入力ミスの有無
難読漢字の使用	英語のスペル
用字・用語の不統一	誤りやすい語句の指摘
送り仮名の付け方	句読点の不統一
かな漢字遣い	文体の不統一
旧かな遣いの使用	

人は文書作成途中でさまざまなミスを起こすものです。ミスを完全になくすのは難しく、むしろ**普段から F7 を押してこまめにチェックするクセをつけておく**方が、文書作成の品質と効率を両立できるようになることでしょう。

第3章

資料作成術

マウスを使わず爆速で作りあげる！

提出前にスペルチェックと文章校正で最終確認する

●文書チェック機能の活用例

F7

入力語句の修正例

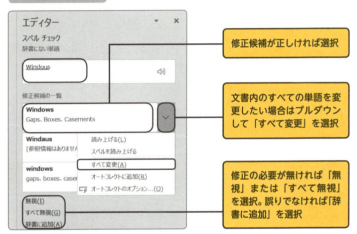

修正候補が正しければ選択

文書内のすべての単語を変更したい場合はプルダウンして「すべて変更」を選択

修正の必要が無ければ「無視」または「すべて無視」を選択。誤りでなければ「辞書に追加」を選択

句読点誤りの修正例

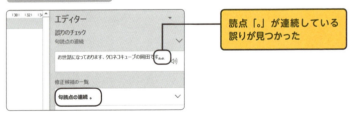

読点「。」が連続している誤りが見つかった

繰り返し語句の修正例

日本語特有のルールも確認してくれる

Section **Acrobat PDF 編集術**

60 資料としての価値を高める！PDFファイルに備忘録的なメモを追加する

5〜10分 SPEED UP

議事録を PDF にして共有フォルダーに置いたから、訂正があれば書き込んでおいてくれないか。

PDF って自由に書き込みができるんですか？ てっきり読み取り専用だと思っていましたが……。

注釈機能を使うと、キーボード操作だけでメモを添えることができるよ。試してごらん。

注釈には日時が添えられているんですね。特記事項の加筆に最適ですね。

ノート注釈活用術

　Adobe Acrobat を使って、PowerPoint で作った資料を PDF ファイルへ変換することがあると思います。Adobe Acrobat は PDF ファイルの作成・編集を行うためのアプリとして有名ですが、実は PDF ファイルの作成だけでなく、文書管理に役立つたくさんの機能が備わっています。

筆者が最もよく使うのが「ノート注釈」です。Adobe Acrobat で PDF を開いた状態で Ctrl + 6 を押すと、「ノート注釈」が瞬時に作成され、注釈を入力できるようになります。ちょっとした特記事項や備忘録をメモするのに使っています。

ノート注釈をカスタマイズする

ノート注釈で使われるフォントは、種類やサイズを目的に応じて変更することができます。Ctrl + K で環境設定を開き、「分類」から「注釈」を選択、右側の「注釈の表示欄」にある「フォント」と「フォントサイズ」を変更すれば完了です。筆者はフォントは「ＭＳ Ｐゴシック」、フォントサイズは「10」に設定しています。注釈のフォントサイズをその都度調節するには、ノート注釈を選択してから Ctrl + Shift + >/< を押してください。

ノート注釈を選択した状態で Ctrl + E を押すと「ポップアップテキストのプロパティ」が開き、フォントの色や注釈の色を変更できます。

印刷される文字を書きこむ

印刷される文字データを PDF へ書き込む目的では「テキストボックス」がよく使われます。「ツール」→「注釈」→「テキストボックスを追加」を選択し、PDF の任意の位置をクリックすると、テキストを入力できます。

このテキストを選択した状態で Ctrl + E を押すとプロパティバーが表示されるので、こちらでフォントの色やサイズを調整することができます。

PDFファイルにメモ代わりの注釈を入れる

●フォントの種類とサイズ設定

 ※初期設定

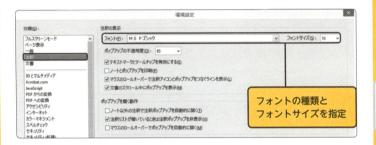

フォントの種類と
フォントサイズを指定

●ノート注釈の利用

Ctrl + 6

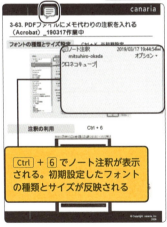

Ctrl + 6 でノート注釈が表示される。初期設定したフォントの種類とサイズが反映される

●テキストボックスの利用

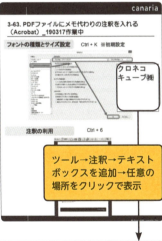

ツール→注釈→テキストボックスを追加→任意の場所をクリックで表示

テキストを選択して Ctrl + E でプロパティバーが表示→
フォントの色やサイズを調整

第3章 資料作成術 — マウスを使わず爆速で作りあげる！

Section **Acrobat PDF 編集術**

61 PDFの表示倍率を文書の内容に応じて自由自在に変更する

1～5分
SPEED UP

小型のノートパソコンだと、ページサイズの大きいPDFファイルは見づらいですね。

表示倍率を変更するショートカットキーを使うといいよ。縦長の文書だったら Ctrl + 2 を押してごらん。

だいぶ読みやすくなりましたが、もう少しだけ拡大したいです。

Ctrl + + で拡大、Ctrl + - で縮小できるから調節してみてよ。

PDFを読みやすい倍率で閲覧する

　PDF文書は、他人とのやりとりに使われる場合の多い文書形式です。というのも、もし自分しか使わなければ、Excelで作ったファイルは、Excelまま保管しておけばいいからです。PDF化するということは、自分以外の読み手から、オリジナリティを守ったり、コピーを防いだりといった意味があるはずです。

しかし、そのため PDF ファイルを閲覧するときには、フォントが小さくて読みづらかったり、画面が拡大されすぎていたりなど、PDF 作成者との環境の違いによる表示上の問題が発生します。

　ここでは、そんなときに役立つ、画面倍率を瞬時に変更できる便利なショートカットキーを 5 つ紹介します。

①拡大・縮小

　Ctrl + ＋ で拡大、Ctrl + － で縮小します。画面を見ながら、段階的に調整できます。

②表示倍率の指定

　Ctrl + Y で数値を入力または選択することで、表示倍率を指定できます。

③全画面表示

　Ctrl + 0 で画面に 1 ページが収まるよう表示されます。全体像をさっと確認したい場合に便利です。

④100％画面表示

　Ctrl + 1 で標準的な倍率（100%）で表示されます。注釈を入力する際などにお勧めです。

⑤横幅に合わせる

　Ctrl + 2 で横幅に合わせて表示されます。縦長の文書をストレスなく読みたいときに便利です。

用途に応じてPDFの表示倍率を変える

●画面倍率の変更

全画面表示

`Ctrl` + `0`

表示倍率拡大・縮小

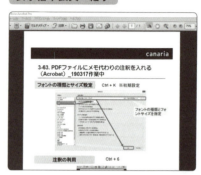

拡大 `Ctrl` + `+` / 縮小 `Ctrl` + `-`

100%画面表示

`Ctrl` + `1`

倍率指定

`Ctrl` + `Y`

横幅に合わせる

`Ctrl` + `2`

Section **Acrobat PDF 編集術**

62 ページ数が多いPDFで目的のページへ一瞬でジャンプする

1〜5分
SPEED UP

PDFって、ページ数が多いと、めくるのが一苦労ですよね。スクロールバーを使えばいいんですかね？

ショートカットキーを使えば、指定したページまで一気にジャンプできるよ。

これは便利ですね。あれ、なんか変だな？

たまに、PDFのページと、文書に書かれているページ番号がズレていることがあるから、覚えておくといいよ。

Acrobatで目的のページを一瞬で開く

　みなさんは、PDF文書で見たいページにたどり着くのに苦労した経験はありませんか？　数ページ先であれば、←→キーを何回か連打すれば済むのですが、何十ページも先となると、ページ送りするのも大変です。そこで紹介したいのが、ショートカットキーを使ったページ指定の方法です。

「ページ指定」でジャンプする

Ctrl + Shift + N を押すと「ページ指定」のダイアログが開き、ページ番号を入力して「OK」を押すと、指定したページまで一気に飛びます。

「文書のプロパティ」を開く

「ページ指定」と同じくらい頻繁に使うのが、「文書のプロパティ」の表示です。「文書のプロパティ」にはそのPDFファイルに関するあらゆる情報が記録されています。「文書のプロパティ」を開くショートカットキーは Ctrl + D です。

筆者は、特にファイルが保存されている「場所」や、「ファイルサイズ」を確認するために「文書のプロパティ」を開きます。

「文書のプロパティ」画面の「全般」タブで「場所」をクリックすると、エクスプローラーが起動して、保存先のフォルダーが表示されます。保存先のフォルダーにほかにどのようなファイルがあるのか調べたり、保存先のパスをコピーして人に伝えたりしたいときに便利です。

「ファイルサイズ」は、メールに添付する際などに、容量が大きすぎないかどうか確認する目的で調べます。容量が大きすぎる場合は、ページ数を減らしたり、画像を圧縮したりするなどして対応しています。

このような地味な技をスムーズに実行できるようになると、文書の管理や編集の効率は大きく変わってくることでしょう。

指定したPDFページまで一気に飛ぶ

●ページ指定とプロパティ

指定ページに移動	Ctrl + Shift + N
プロパティの表示	Ctrl + D

ページ指定

Ctrl + Shift + N

ページ指定

ページ: 151 / 216

OK　　キャンセル

Ctrl + D

文書のプロパティ

文書のプロパティ

概要　セキュリティ　フォント　開き方　カスタム　詳細設定

概要

ファイル: 参考_3-63.注釈を入れる（Acrobat）_190317

タイトル(T): Microsoft PowerPoint - 2.イラスト_190314_15

作成者(A): mitsuhiro-okada

サブタイトル(S):

キーワード(K):

作成日: 2019/03/17 19:34:07　　　　　　　　　その他のメタデータ(M)...

更新日: 2019/03/17 22:35:52

アプリケーション: PScript5.dll Version 5.2.2

詳細情報

PDF 変換: Acrobat Distiller 9.0.0 (Windows)

PDF のバージョン: 1.6 (Acrobat 7.x)

場所: C:\Users\Mitsuhiro\Google ドライブ\11.OnGoing\2.ソシム木津堰（IT仕事術？）_180719...

ファイルサイズ: 348.44 KB (356,807 バイト)

ページサイズ: 210 x 297 mm　　　　　　ページ数: 1

タグ付き PDF: いいえ　　　　　　　Web 表示用に最適化: はい

ヘルプ　　　　　　　　　　　　　　　　OK　　キャンセル

> ファイルパスをクリックすると、保存先のフォルダーが開く

> ファイルサイズが大きすぎないか確認

第3章　資料作成術

マウスを使わず爆速で作りあげる！

Section **Acrobat PDF 編集術**

63 PDFファイルのページを自在に挿入・削除する

1〜5分
SPEED UP

例のプレゼン資料のPDFだけど、A社の販売データが含まれているページを削除しておいてくれないか？

PDFってページの削除もできるんですか？
なんだか面倒そうですね。

ショートカットキーを使えば、かんたんだよ。
Ctrl + Shift + D を押してごらん。

これならExcelでセルを削除するのと大差ないですね。了解です。やっておきますよ。

PDFの編集は手間がかかる？

　PDFの不要なページや白紙のページを削除する際、ナビゲーションパネルからマウスでページを選択して削除するのって効率が悪いですよね？　そんなときにお勧めしたいのが、ショートカットキーを使って指定したページを削除する方法です。

ショートカットでPDFページを削除する

　編集対象の PDF を Adobe Acrobat で開いた状態で Ctrl ＋ Shift ＋ D を押すと、「ページの削除」ダイアログが開きます。「開始ページ」と「終了ページ」を指定して「OK」を押すと、連続する複数のページをまとめて削除することができます。なお、ナビゲーションパネルでページが選択されている場合に、Ctrl ＋ Shift ＋ D を押すと、「選択したページ」がデフォルト選択されている状態でダイアログが開きます。

ショートカットでPDFページを挿入する

　ページの削除に加えてよくあるのが、複数の文書を統合したいケースです。たとえば、プロジェクトの関連資料や参考文献など、異なる PDF ファイルを一つにまとめて管理したいケースは結構あるはずです。Ctrl ＋ Shift ＋ I を押すと、「挿入するファイルの選択」というダイアログが開くので、挿入したいPDF ファイルを選択し、挿入位置を指定して「OK」を押せば挿入できます。なお、ページの挿入は、ショートカットキーを使わず行うこともできます。挿入元と挿入先の PDF ファイルを開き、画面の左右に並ます。それぞれの画面でナビゲーションパネルの「ページサムネール」タブを開き、挿入したいページを選択して挿入先までドラッグ＆ドロップで移動します。

　筆者は普段できるだけキー操作だけで作業完結するよう心がけていますが、これだけは便利すぎてマウス操作を許しています。

PDFページを削除・挿入する①

●削除ページの指定

ナビゲーションパネルが非アクティブの状態

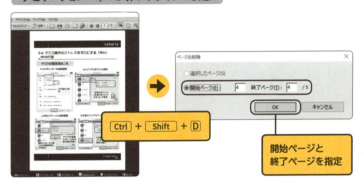

ナビゲーションパネルがアクティブの状態

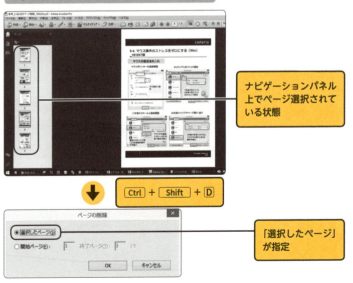

PDFページを削除・挿入する②

●ページの挿入（キー）

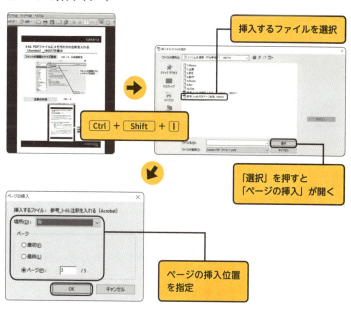

●ページの挿入（マウス）

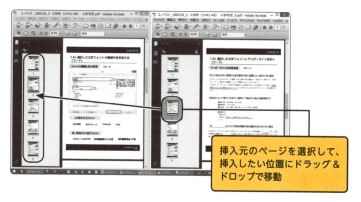

Section **Acrobat PDF 編集術**

64 PDFのページ表示の向きを キーボードでサクサクと変える

1〜5分　SPEED UP

このあいだスキャンしたPDF資料、ページの向きがバラバラで、直すのに苦労したんです。

ショートカットキーならページの向きをかんたんに直せるよ。Ctrl + Shift + R を押してごらん。

特定のページを選んで向きを変えられるのも便利ですね。

公的な書類なんかは、縦向き・横向きが混ざってるものが多いしね。

PDFのページの向きを正す

届いた紙資料をスキャンしてPDF化したら、縦・横、向きがバラバラで、後からPDFの向きを直すのに苦労したという経験はありませんか？　筆者はよく公的な文書が届いたときにこの問題に直面することがあります。たまに、縦・横の向きが不揃いのままの資料を保存している人もいますが、他人の

目に触れる資料であれば、やはり不親切ですよね。とはいえ、Adobe Acrobat のナビゲーションパネルからページを選択して、右クリックメニューから回転させていくのは手間がかかります。

そこでお勧めしたいのが、ショートカットキーを使って、PDF ページの向きをサクッと変える方法です。

①ページそのものを回転させる方法

該当のページが表示されている状態で、 Ctrl + Shift + R を押すと「ページの回転」ダイアログが開きます。そこで、回転させたい方向と角度、回転させたいページ範囲を指定して「OK」を押せば、意のままに回転させることができます。この方法が縦・横の向きを変える最も一般的な方法で、筆者も体外的なやりとりで発生する PDF 文書の編集で頻繁に使っています。

②ページの表示上の向きを回転させる方法

Ctrl + Shift + ＋ を押すことで、「ページの回転」ダイアログを表示させることなく、すべてのページをそのまま右に 90°ずつ回転表示させることができます。これはページそのものではなく、あくまでページの表示の向きだけを回転させるため、アプリを終了させると元の向きに戻ります。共有ファイルなど、オリジナルの PDF ファイルを更新することなく、手軽に内容確認するのに便利でしょう。

これらは、マウス操作のストレスからの開放を痛感できる技ですので、ぜひ用途に応じて使い分けてください。

PDFページの向きをサクッと変える

●ページの回転

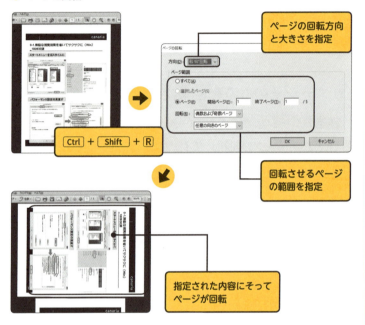

●ページの回転表示

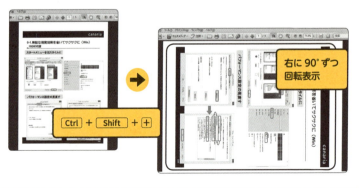

| Section | Acrobat PDF 編集術 |

65 PDFページの余計な部分をトリミングして適切な表示倍率で閲覧できるようにする

1〜5分 SPEED UP

印刷した資料をスキャンしてPDFにしたんですが、余白が大きくすぎて、内容が読みづらいんです。

Acrobatの機能で余白をトリミングすると、そのぶん内容が大きく表示されるから、読みやすくなるよ。

Officeアプリから書き出したPDFファイルもトリミングできるんですか？

できるよ。画面サイズに合わせて作られたPowerPointファイルを印刷するときはPDFに変換して調整するんだ。

PDFの余白を素早く調整する

　紙の書籍や文献をスキャンした後に、PDFページ内の余白の割合が大きく、文字が小さくて読みづらくなってしまったという経験はありませんか？　筆者も紙の書籍を自炊していた頃は、よくこの問題に直面しました。

　そんなときに便利なのが、PDFページのトリミング技です。

Adobe Acrobat 9 Standardの場合

[Ctrl] + [Shift] + [T] を押すと、「ページのトリミング」のダイアログが開きます。「ページ範囲」の欄から、トリミングする範囲をすべてか一部かを選択します。「余白の制御」の欄で、トリミングする幅を指定します。その際 [Alt] + [O]（上）／[B]（下）／[L]（左）／[R]（右）という組み合わせでカーソル移動し、[↑][↓] キーで数値設定すると、「トリミング後のサイズ」のイメージ画像を見ながら視覚的にトリミング幅を調整することができます。すべての設定を終えて「OK」を押すと、トリミング完了です。

Adobe Acrobat DCの場合

Acrobat DC では「ツール」→「印刷工程」を選択し、画面右側に表示されるパネルから「ページボックスを設定」を選択することで同様の操作を行えます。

　画面サイズでデザインされた PowerPoint ファイルを印刷する際、画面サイズと印刷サイズとのちがいで余白が出ることがありますが、PowerPoint ファイルを一度 PDF へ変換し、余白をトリミングすることで、印刷用紙にあった大きさで印刷することができます。

　トリミング領域をマウスで微調整するのは大変なので、キーボードの操作だけで完結する技を知っておくと、ストレス軽減につながるはずです。また、トリミング技に慣れておけば、PDF の活用の幅が広がるでしょう。

PDFページの余計な部分をトリミングする

●スタイルの設定

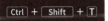

トリミングの幅を数値指定。ショートカットキーの利用をお勧め。通常はこちらを利用

トリミングの結果がすぐ反映されるので、視覚的な判断材料に

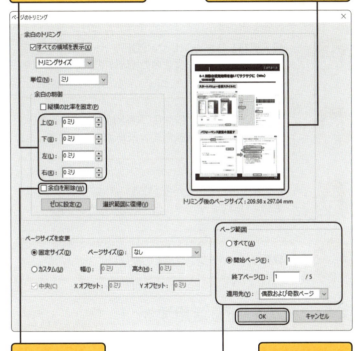

自動的にトリミング幅を判断・指定したい場合に利用

トリミングの適用範囲を指定

Section **Acrobat PDF 編集術**

66 スキャンして作成したPDF文書を検索できるようにする

10〜15分
SPEED UP

紙の資料をスキャンして、PDFファイルとして保存しているんですが、文書内の検索はできませんよね？

できるよ。AcrobatにはOCR機能が付いているから、スキャンデータの保存形式はPDFがお勧めだよ。

いままで諦めていたから、認識結果に多少難があっても助かります。デジタル化がはかどりそうです。

職場のペーパーレス化にも活躍してくれそうだね。

スキャンしたPDFを活用する

　PDF文書は対外的なやりとりに幅広く活用されています。しかし、Officeファイルを変換して作成したPDF文書と違い、紙資料をスキャンして作成したPDF文書は、ページ内の文章をコピーしたり、検索したりすることができません（スキャナーにOCR機能が付属する場合を除く）。これでは知的資産としてのPDF文書の活用用途が限られてしまいます。

そんなときに役立つのが Adobe Acrobat に標準装備されている「OCR テキスト認識」機能です。この機能はスキャン後の PDF 文書上にある文字のコピーや読み取りを可能にしてくれます。

Adobe Acrobat 9 Standardの場合

PDF ファイルを開いてメニューから「文書」→「OCR テキスト認識」→「OCR を使用してテキストを認識」を選択すると「テキスト認識」のダイアログが開きます。そこでテキスト認識させたいページ範囲を指定して「OK」を押すと、テキスト認識が実行されます。

また、「OCR を使用してテキストを認識」の代わりに「OCRを使用して複数のファイルのテキストを認識」を選択すると、複数の PDF ファイルをまとめて読み取り可能に変換することもできます。複数の紙資料をスキャンして PDF 化した後は、こちらを使って一気に変換することをお勧めします。

Adobe Acrobat DCの場合

画面右側のパネルから「PDF を編集」ツールを選択します。自動的に文書に OCR 処理が施され、編集可能な PDF に変換されます。

ここで紹介した機能は、OCR 機能がついていないスキャナーで紙資料をスキャンした後に実行する機能と覚えておくといいでしょう。

スキャン後のPDF文書を検索可能にする

● PDF 文書を読取可能に

> メニューの「文書」→「OCR テキスト認識」→①②

スキャン後の PDF 文書

① 「OCR を使用してテキストを認識」を選択する場合

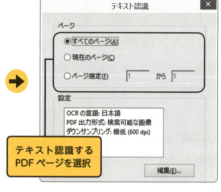

テキスト認識する PDF ページを選択

② 「OCR を使用して複数のファイルのテキストを認識」を選択する場合

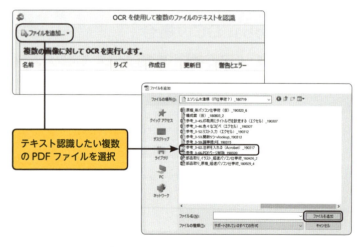

テキスト認識したい複数の PDF ファイルを選択

第 **4** 章

メール・タスク管理術

漏らさず爆速で
仕事をまわす!

人間は本質的に忘れやすく、怠けやすい生き物です。
だからこそタスクは管理しなければならないのです
が、専用のツールを使っても長続きしない、そんな悩
みを抱えているビジネスパーソンは多いはず。そこで、
使い慣れた G メールを使った新しいタスク管理法を
紹介します。

Section | Gメール管理術

67 プレビュー機能を設定してメールを開くことなく効率的にチェックする

1〜5分
SPEED UP

毎日大量にメールが届くんですけど、効率的に内容を確認する方法ありませんかね？

Gメールのプレビュー機能を設定しておけば、わざわざメールを開かなくても、内容を確認できるよ。

それなら1日にメールが100通届いても大丈夫そうですね！

よかったね。
（逆にいままではどうやって確認していたんだろう？）

Gメールでプレビュー機能を使う

　近年チャットツールなど新しいコミュニケーションツールも登場してきていますが、いまだに多くの企業ではメールが日常的に使われており、毎日大量に届くメールの処理に苦労している人も少なくないのではないかと思います。**すべてのメールに返信する必要はありませんが、それでも量が多いと、一通ずつ**

開いて中身を確認するだけでも時間がかかります。

そんなときにプレビュー機能が役に立ちます。本書では「G メール」を例に、プレビュー機能の使い方を紹介します。

プレビュー機能の設定と使い方

まずはGメールを開きます。画面右上の歯車アイコンをクリックし、「設定」を選択します。次に「詳細設定」をクリックし、「プレビューパネル」欄で「有効にする」をオンにし、「変更を保存」を押せば設定完了です。設定後は、「ウィンドウ分割モードを切り替え」ボタンが表示されるので「垂直分割」を選択します。いずれかのメールを選択して Enter を押すとプレビューが表示されます。その後は ↑ ↓ キーでカーソル移動しながらメール内容を次々と確認していきます。

また Page Up / Page Down でメールのプレビュー画面を上下にスクロールさせることもできます。これらの技はぜひセットで活用してください。

プレビュー機能の使い方

プレビュー機能の設定に加えて、メールの既読時間も変更しておきます。デフォルトでは未読メールを選択して時間が経つと自動的に既読状態に変わってしまいます。メールの内容によっては、後からじっくり読みたいものもあるはずなので、自動で既読にならないよう設定変更しておきましょう。

画面右上の歯車アイコンをクリック→「設定」→「全般」タブ→「プレビューパネル」欄で「既読にしない」を選択→「変更を保存」をクリックすれば設定変更完了です。

第4章

メール・タスク管理術

漏らさず爆速で仕事をまわす！

239

未読・既読のショートカット

　プレビュー機能と合わせて覚えておきたいのが、未読・既読の切り替えショートカットキーです。メールを選択して、[Shift] + [I] を押すと既読に、[Shift] + [U] を押すと未読になります。プレビューで見て重要でないメールはこの技で次々と既読に変えていくことで、メール処理のテンポが大幅に速くなります。また、後から時間をかけて読みたいものや、タスク化が必要なメールについてはひとまず未読にしておくと、処理漏れがなくなります。

　なお、メール選択は[↑][↓]キーでもできますが、[J]（下）・[K]（上）キーと組み合わせる方が、キー位置的にも近いのでより効率的なメール処理が可能になることでしょう。

各種メールトレイを一発で開く

　最後に各種メールトレイを一発で開くためのショートカットキーをご紹介しておきます。プレビュー機能と併せて使えば、あらゆるメールを自在にチェックできるようになります。

メールトレイ	ショートカットキー
受信トレイ	[G] → [I]
送信済み	[G] → [T]
下書き	[G] → [D]
すべてのメール	[G] → [A]

　これらのキーボード操作に慣れるころには、大量のメールを処理することが苦にならなくなっているはずです。

240

プレビュー機能でメールを開かず効率的にチェック

●プレビュー機能の設定

歯車アイコン→設定→詳細設定タブ→プレビューパネル欄で「有効にする」をオン→変更を保存

設定

全般 ラベル 受信トレイ アカウントとインポート フィルタとブロック中のアドレス メール転送と POP/IMAP アドオン チャット 詳細設定
オフライン テーマ

プレビュー パネル
メールリストの横でメールを読める機能のオンとオフを切り替えられるボタンを有効にできます。　　　　　　　　　　　　　　　　　　　　　　　　　● 有効にする　　○ 無効にする

●メールの既読時間の変更

歯車アイコン→設定→全般タブ→プレビューパネル欄で「既読にしない」を選択→変更を保存

設定

全般 ラベル 受信トレイ アカウントとインポート フィルタとブロック中のアド
オフライン テーマ キーボード ショートカット

プレビュー パネル:　　スレッドを既読にするタイミング: 既読にしない▼

●メールの既読時間の変更

<各種トレイを一発で開く>
受信トレイ: G → I　送信済み: G → T
下書き: G → D　すべてのメール: G → A

ファイル→オプション

垂直分割を選択

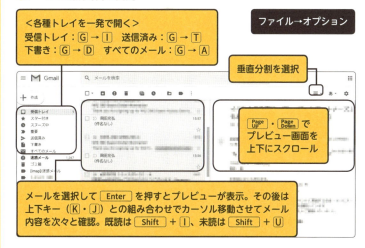

Page Up・Page Down でプレビュー画面を上下にスクロール

メールを選択して Enter を押すとプレビューが表示。その後は上下キー（K・J）との組み合わせでカーソル移動させてメール内容を次々と確認。既読は Shift + I、未読は Shift + U

第4章　メール・タスク管理術　漏らさず爆速で仕事をまわす！

Section 68　Gメール管理術

メールの作成から送信まですべての操作をキーボードで実行する

5〜10分 SPEED UP

Gメールで、メールの作成から送信までを早くする方法ってありませんか？

Gメールでもショートカットキーを使えることは知ってる？　作成も送信もキーボードでできるよ。

あれ？　教えていただいたショートカットキーが使えないみたいです。

「設定」画面を開いて、「全般」タブの「キーボードショートカットON」をオンにしてごらん。

メールの処理にかかる時間を減らす

　メールを使っていると新規作成や返信、転送など割とこまごまとした作業が生じます。便利なように見えて、実はメールが仕事を忙しくしているのではないかといった話もあるくらいです。毎日数十件のメールをやりとりするとして、1年間でいったいどれくらいの時間をメールの処理に費やしているのでしょ

うか。冷静に考えると少し怖くなってきます。

そこで、メール作業の負担を劇的に軽減できるGメールの
ショートカットキーを紹介します。

①新規作成

メール作業の最も基本的な技です。新規作成といっても以下
3種類の方法があるので、用途に応じて使い分けてください。
筆者は画面が広く使える Shift + C と D をよく使います。

作成	新しいウィンドウで作成	新しいタブで作成
C	Shift + C	D

②返信

メールを送ってきた人にそのメールを上書きする形で返信す
る場合にこの機能を使います。返信の方法は以下の2通りで、
やはり筆者は Shift + R の方を多用します。

返信	新しいウィンドウで返信
R	Shift + R

③全員に返信

返信相手が複数いる場合にこの機能を使います。筆者の場合
は、1対1でメールを送ってきたら通常の「返信」を使い、メー
ルの To や Cc に自分以外の人の宛先が入っていたらこの「全
員に返信」を使うようにしています。

全員に返信	新しいウィンドウで全員に返信
A	Shift + A

第4章

メール・タスク管理術

漏らさず爆速で仕事をまわす！

243

④転送

本来の使い方は届いたメールを誰かに共有したい場合に使うと思いますが、転送には添付ファイルを添付したまま送信できるのと、返信のような引用記号がつかないのでそのメールを雛形として再利用できるといった利点があります。転送の方法は以下の2通りで、作成と同じく画面を広く使いたいので筆者は Shift + F の方を多用しています。

転送	新しいウィンドウで転送
F	Shift + F

⑤送信

①〜④でメール作成した後に、このショートカットキーを使えば、キー操作だけで即時に送信することができます。

送信
Ctrl + Enter

メールの作成から送信までキー操作で実行する①

●メールの作成

作成：C

新しいウィンドウで作成：Shift + C

新しいタブで作成：D

●メールの返信

返信：R
新しいウィンドウで返信：Shift + C

メールの作成から送信までキー操作で実行する②

●メールの全員に返信

全員に返信：A
新しいウィンドウで全員に返信：Shift + A

複数の宛先が表示

●メールの転送

転送：F
新しいウィンドウで転送：Shift + F

添付ファイルがある場合は残る

●メールの送信

送信：Ctrl + Enter

Section | Gメール管理術

69 To・Cc・Bccを正しく・速やかに使い分けるテクニック

1～5分
SPEED UP

チャットツールとちがって、メールで宛先を選ぶのって、意外に面倒ですよね。

CcやBccのことかな？ どちらもショートカットキーを使うとラクになるよ。

あ、メールアドレスの先頭数文字を入力すると、宛先を自動提案してくれるんですね。これは助かります。

Gメールの機能に頼りきっていると、宛先の確認がおろそかになりやすいから注意してね。

To、Cc、Bccをミスなく使い分ける

　メッセンジャーやスカイプのようなチャットツールとちがって、メーラーにはTo・Cc・Bccという3つの宛先指定方法があります。これらはメールを作成するたびに指定する必要があり、ちょっとした手間を生んでいます。そのため正しく使い分けられていないケースが散見されます。

ここでは To・Cc・Bcc の指定方法を効率化するテクニック
を紹介しますので、正しい使い分けを意識していただければと
思います。

メールアドレス指定のショートカットキー

　Ｇメールのメール作成画面が開いている状態で使える、
ショートカットキーをまとめます。

指定	ショートカットキー
Cc	Ctrl + Shift + C
Bcc	Ctrl + Shift + B
From	Ctrl + Shift + F

To

　To は、特定の相手にメッセージを送信する場合に使います。
受信者には返信責任やネクストアクションの必要性が伴いま
す。To 欄には、半角のカンマ（,）を区切り文字として、複数
の宛先を指定することもできますが、責任の主体が曖昧になる
ため、情報共有が目的の場合に限って利用するのがふさわしい
でしょう。

Cc

　Cc は、To で指定した相手以外に、そのメールの内容を知っ
ておいてほしい人がいる場合に使われます。Cc で指定した相
手には返信責任がありません。Cc は参考情報の共有を目的と
して使われるケースが多いでしょう。

Cc に入力されたメールアドレスは、そのメールを受信するすべての人に開示されます。そのため、不特定多数の人に情報を一斉送信するような場合には、個人情報保護の観点から、安易に Cc を利用してはいけません。

Bcc

Bcc は、Cc と同様に、そのメールの内容を知っておいてほしいけれど、To や Cc の人にその存在を知られたくない場合に使われます。Bcc は、Cc と同じく返信責任はなく、参考情報や重要事項の共有目的に使われます。一方、Cc とちがって受信者にアドレスが知られる恐れがないため、不特定多数への一斉送信に用いられることがあります。

From

メール作成中に Ctrl ＋ Shift ＋ F を押すと、「From」欄にカーソルが移動し、送信元のメールアドレスを選択できます。複数のメールアドレスを利用している人は覚えておくと便利です。

これらは、メールを使う人にとっては利用頻度が高い技ですので、ぜひとも体で覚えていただければと思います。

249

To・Cc・Bccを正しく速やかに使い分ける

● To・Cc・Bcc/ From

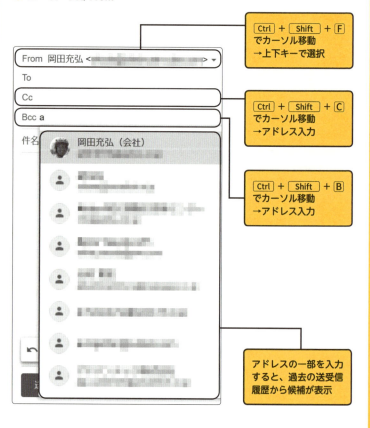

Section **Gメール管理術**

70 ファイルのメール添付と添付ファイルのダウンロードを爆速で実行する

1〜5分
SPEED UP

Gメールで添付ファイルをダウンロードしたり、ファイルを添付したりするのって面倒じゃありませんか？

ダウンロードはマウス操作が最速かな。ファイルの添付は、コピー、貼り付けが速くて確実だよ。

「ファイルを添付」ボタンを押して、ダイアログで選ぶよりも速いし、ミスなく添付できそうですね。

添付忘れや、まちがったファイルの添付は信用に関わるから、ミスなく添付が大切だよ。

添付ファイルをスマートに片づける

　ファイルを添付し忘れてしまったり、添付するファイルをまちがえてしまったり、ドラッグ＆ドロップ操作をミスして意図せぬ場所へ移動させてしまったりと、ファイルのメール添付にまつわるトラブル話は枚挙にいとまがありません。

ここでは、ミスや混乱を抑えて、ファイルの添付やダウンロードをスマートに行う方法をご紹介します。

キー操作でファイル添付

　マウスを使わずに、キー操作だけで作成中のメールにファイルを添付する方法です。

　添付したいファイルを選択して Ctrl ＋ C でコピーします。続いて G メールの作成画面で Tab 移動で「ファイルを添付」を選択し、 Enter を押します。ファイル選択のダイアログが開くので「ファイル名」欄に Ctrl ＋ V でペーストします。すると、ファイルパスが入力されます。この状態で「開く」ボタンを押すと、作成中のメールにファイルが添付されます。慣れるとマウス操作よりもはるかにラクになります。

マウス操作で添付ファイルをダウンロード

　受信メールに添付されているファイルをダウンロードする方法です。通常は添付ファイルをクリックするとダウンロードが始まり、それからダウンロード先のフォルダーを開いてファイルを移動させるという、結構な手間が発生します。

　添付ファイルのダウンロードは、マウスを使ったドラッグ＆ドロップが最速です。移動先はデスクトップやフォルダーなど目的によって使い分けましょう。

　これらの技をマスターしておけば、ファイル添付にまつわるミスやストレスは、かなり軽減されるはずです。

メールのファイル添付とダウンロードを最速で

●キー操作でファイル添付

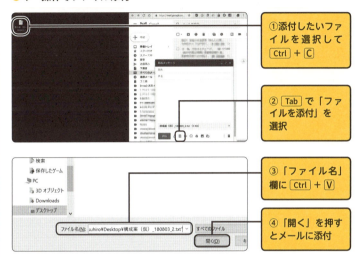

① 添付したいファイルを選択して Ctrl + C

② Tab で「ファイルを添付」を選択

③「ファイル名」欄に Ctrl + V

④「開く」を押すとメールに添付

●マウス操作でダウンロード

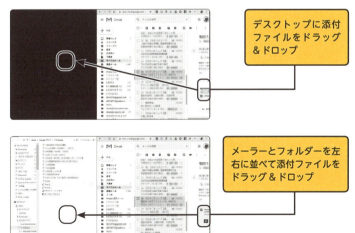

デスクトップに添付ファイルをドラッグ＆ドロップ

メーラーとフォルダーを左右に並べて添付ファイルをドラッグ＆ドロップ

Section **Gメール管理術**

71 検索機能を駆使して過去のメールを自在に取り出す

5〜10分 SPEED UP

> A社との打ち合わせ前に、メールでのやりとりを振り返りたいんだが、急ぎでまとめてくれないか？

> えーっと、A社とのやりとりは12月でしたよね。ずいぶん前の記録だから、すぐに見つかるかな……。

> Gメールの検索機能を使うといい。「from:a.co.jp to:me subject:爆速」で検索した結果をまとめてよ。

> 必死にスクロールして探してました。これなら絞り込めそうです。ありがとうございます。

Gメールの検索機能を使い倒す

　過去にさかのぼってメールのやりとりを調べないといけないとき、大量のメールの中から目当てのメールを目視で見つけ出すのは、なかなか大変です。Gメールの検索機能を使えば、キーワードや送信者を手がかりに、目的のメールをあっという間に見つけ出すことができます。

通常Gメールでの検索は画面中央上部にある検索ボックスを使って行われます。

①⁄キーを押し、カーソルを検索ボックスに移します。
②次のようにキーワードを入力し、[Enter] を押します。

・送信者を指定してメールを検索
from: （メールアドレス）
　【応用例】from:me（自分が送信者）

・受信者を指定してメールを検索
to: （メールアドレス）
　【応用例】to:me（自分が受診者）

・件名に含まれる単語を指定
subject: （キーワード）

さらに精度の高い検索を行いたい場合には、検索ボックス右の「検索オプションを表示」から検索期間や添付ファイルの有無など詳細な条件を設定してください。
　メールは、他人との意思疎通だけでなく、やりとりの記録・証拠を残す意味でも役立ちます。ぜひこの検索方法をマスターし、メールの中からいつでも瞬時に情報を取り出せるようにしておいてください。記録・証拠が瞬時に取り出せるようになると、言った言わないといったトラブルは驚くほど減るはずです。

検索機能を駆使して過去のメールを自在に取り出す

● G メール検索

`Ctrl` + `E`

① `/` で検索ボックスにカーソル移動

検索オプションを表示

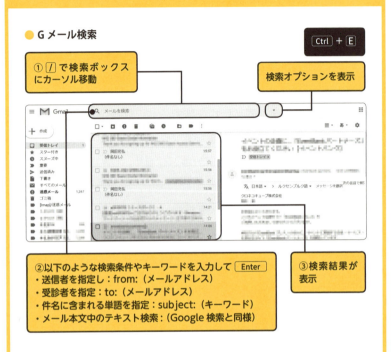

②以下のような検索条件やキーワードを入力して `Enter`
- 送信者を指定し：from:（メールアドレス）
- 受診者を指定：to:（メールアドレス）
- 件名に含まれる単語を指定：subject:（キーワード）
- メール本文中のテキスト検索：(Google 検索と同様)

③検索結果が表示

● 検索オプション

検索ボックスで設定した内容が表示

検索期間の設定

どのトレイを対象とするか

添付ファイルの有無のチェック

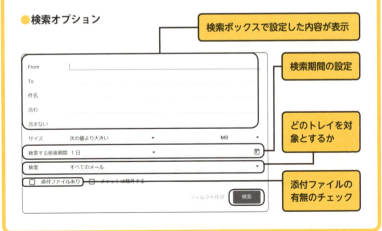

Section **Google ToDo リスト・タスク管理術**

72 Google ToDo リストで あらゆるタスクを 一元管理する

10〜15分
SPEED UP

自分で決めたタスク管理の方法が続かないんですよ。何かおすすめの方法はありませんか？

GメールとGoogle ToDo リストの組み合わせを試したことはあるかい？

Google ToDo リストって、Gメールと連携できるんですね。タスクを転記する手間を省けて助かります。

タスク管理では、できるだけ転記をなくすのがコツ。漏れが減るし、長く続けやすくなるよ。

タスク管理のコツは転記をなくすこと

　タスクを管理するのに、紙の手帳やExcel一覧、タスク管理アプリなど、複数のツールをバラバラに使っている人をときどき見かけます。これでは管理対象が複数あることで更新が追いつかず、結局途中で挫折してしまう可能性が高まります。

タスク管理は、複数ではなく一つのツールで一元管理することをお勧めします。その方が断然漏れが減ります。

筆者はGメールを使っているので、タスク管理はすべてGメールと連動するGoogle ToDoリスト（以下ToDoリストと記載）で一元管理しています。タスクは何らかコミュニケーションの近くで発生することが多いので、これらのツールの組み合わせは割と理にかなっているのではないでしょうか。

ここでは、ToDoリストの使い方について説明していきます。筆者が採用しているオリジナルの管理方法になります。

自タスク、他タスクに分類

まずTo Doリスト上に「1.タスク（自）」「2.タスク（他）」という名称のリストを2つ作成します。「1.タスク（自）」は自分が実行する責任があるタスクを、「2.タスク（他）」は他人が実行する責任があるタスクを記録します。「2.タスク（他）」には他人へ送った質問メールへの回答待ちなども記録します。

タスクの依頼と被依頼

タスクの起案は、エビデンスを残すため、すべてメール（ここではGメール）を使って行います。タスクの依頼者が被依頼者に対してメールを送り、そのメールを双方でタスク管理します。自分で起案して自分でタスク管理する場合は、自分宛にタスクメールを送り、Ccに管理者や関係者の宛先を入れておきます。つまりタスクの依頼者も被依頼者も両方自分ということですね。

依頼メールの件名は、通常「0320 見積承認依頼 岡田」のよ

うに、「希望期限」と「タスク名」と「担当者名」を簡潔に記載します。「希望期限」や「担当者名」は、社外の人など相手によっては記載せず、後からToDoリストで管理する際に別途付与するなど運用上の工夫をお勧めします。

　他人にタスクの依頼メールを送る際には、Ccに自分の宛先を入れておくようにします。

ToDoリストへのタスク挿入・整理

　受信トレイに届いたタスクメールを選択し、 Shift ＋ T を押すと、前回閉じたToDoリストに即挿入されます。「2.タスク（他）」に入ればそのままでいいですし、「1.タスク（自）」に入っていれば正しくタスクを移動させてあげましょう。

　ToDoリストに入ったタスクは並べ替えができるので、 Ctrl ＋ Shift ＋ ↑↓ キーを使って一目見てわかるよう期限順に並べ替えます。

期限へのリマインド

　期限がすぎても回答を得られていないタスクを発見した場合は、タスク上のメールリンクをクリックすると依頼時のメールが開くので、そのメールに上書きする形で被依頼者に対してリマインド（督促）メールを送ります。

　このようにツール類をうまく連携させ、情報を集約できれば、高価なタスク管理システムは必要ありません。一定のルールの基で正しく運用する習慣が身につけば、タスクの漏れや遅れがなくなり、頭の中のモヤモヤもなくなることでしょう。

Google To Doリストであらゆるタスクを一元管理する

● 1. タスク（自）・タスク（他）を作成

① Gメール上で G → K → ToDoリストが開く

②上部にある下矢印（▼）をクリック

③「新しいリストを作成」を選択→「1. タスク（自）」と「2. タスク（他）」を作成→完了

● 2. メールでタスクを依頼・被依頼

①メールの件名に「希望期限」「タスク名」「担当者名」を入れて送信
※依頼時は Cc に自分の宛先を入れる
※相手によっては「希望期限」「担当者名」は省き、後で To Doリストに挿入してから別途付与する

② Cc で自分宛てに届いたメールを選択し Shift + T を押す

● 3.To Do ツールにタスク挿入・並び替え

① To Doリストに挿入→期限順に Ctrl + ↑ ↓ キーで並び変える

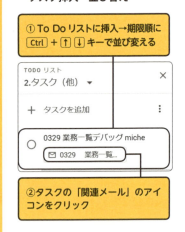

②タスクの「関連メール」のアイコンをクリック

● 4. タスクの期限が来たらリマインド

「関連メール」が開くので、そこに上書きする形でリマインド（督促）メールを送る→以降、完了するまで同ルールでタスク管理を継続

第 **5** 章

会議・プレゼン術

デジタル活用で もっと伝わる！

プレゼンの達人たちは、決して準備を怠りません。し
かし、プレゼンはナマモノです。どれだけ入念に準備
をしたとしても、突発的な対応が必要になることも多
いでしょう。そんなときに強い味方になってくれるの
がデジタルツールです。ちょっとした機能を活用して、
一歩先行くプレゼンターを目指しましょう。

Section | Windows 爆速化テクニック

73 拡張ディスプレイ機能で投影画面と秘密画面を使い分ける

1〜5分 SPEED UP

プレゼンのとき、投影用と手元確認用のファイルを、一台のPCで同時に見られたら完璧なのになぁ。

拡張ディスプレイ機能を使えば、投影用と手元確認用で画面を分けられるよ。

それなら、会議中の内輪話をメモしたり、内職したりしててもバレませんね。

まちがって手元確認用の画面を投影しないように気をつけてね。

2画面プレゼンでさらにスマートに

　ノートパソコンを使ってプレゼンをするとき、投影用のプレゼンファイルと、手元確認用のメモファイルとで、画面を分けたいときはありませんか？

　また、デスクトップ上に保存されている機密資料や社内資料のタイトルから、相手に取引先や業務内容を知らせてしまって

はいないでしょうか？

　そんなときにお勧めしたいのが、拡張ディスプレイという機能です。この機能を使えば、手元のパソコン画面とプロジェクターや液晶モニターのような外部ディスプレイとの画面を別々に扱うことができるので、用途が広がります。

拡張ディスプレイの設定

　パソコンに外部ディスプレイを接続します。この状態で ⊞ ＋ P を押すと、「表示形式の選択」ウィンドウが表示されます。そこで「拡張」を選択します。一時的に拡張された状態になるので、その内容で良ければ、「変更の維持」をクリックすれば設定完了です。

　さらにカスタム設定を行うには、デスクトップで右クリックし、「ディスプレイ設定」を選択します。外部ディスプレイの設置位置によって、画面1・2の入れ替えや、どの画面をメインにするかを決定することができます。

「表示形式の選択」オプションの詳細

　⊞ ＋ P で表示される「表示形式の選択」では、「拡張」以外の選択肢にも利用用途がありますので、あわせて紹介しておきます。

① PC 画面のみ

　通常の個人利用時の状態です。複製・拡張の表示形式から戻したい場合に選択します。

②複製

手元画面と投影画面を分ける必要がなく、画面サイズの大きい液晶モニターやプロジェクターに投影したい場合に選択します。

③拡張

プレゼンや会議のような、手元画面と投稿画面を分ける必要がある場合に選択利用します。個人利用でも、作業領域を広く使いたい場合に有用です。筆者の会社でもオペレーション担当者がこの機能を利用していて、手元画面は作業用、外部ディスプレイは検索用など、2つの画面をうまく使い分けて効率的に仕事を行っています。

③の拡張機能は情報の守秘性を高めるだけでなく、知的労働の生産性を格段に高めてくれますので、ぜひ使ってみてください。

パソコン画面を手元用と投影用で使い分ける！

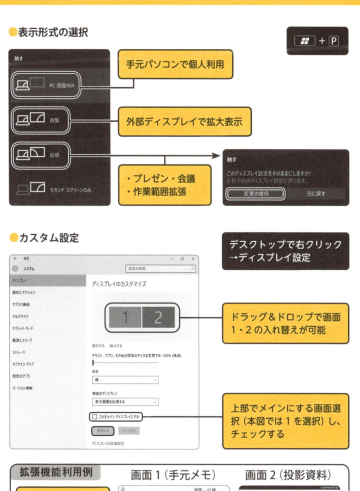

●表示形式の選択

⊞ + P

- PC 画面のみ → 手元パソコンで個人利用
- 複製 → 外部ディスプレイで拡大表示
- 拡張 → ・プレゼン・会議 ・作業範囲拡張
- セカンド スクリーンのみ

映す
このディスプレイ設定をそのままにしますか？
8 秒で前のディスプレイ設定に戻ります。
[変更の維持] [元に戻す]

●カスタム設定

デスクトップで右クリック
→ディスプレイ設定

ドラッグ＆ドロップで画面 1・2 の入れ替えが可能

上部でメインにする画面選択（本図では 1 を選択）し、チェックする

拡張機能利用例

画面1（手元メモ）

手元画面では議事録を取り、投影画面では会議資料を映しつつ、ファシリテーションを実施

画面2（投影資料）

第5章 会議・プレゼン術　デジタル活用でもっと伝わる！

Section **74**　Windows 爆速化テクニック

会議中に中座するときはコンピュータのロックを使ってスマートに秘密を保護する

1〜5分
SPEED UP

次の休憩時間、少し離席しますね。
パソコンはこのままでもいいですか？

いや、万が一に備えてロックしておいた方がいいよ。
だれが見ているかわからないしね。

確かにそうですね。わかりました。
思ったより手軽で、復帰にも時間がかかりませんね。

ロックに慣れれば、情報漏えいのリスクを未然に防げるし、周囲の信用も増すはずだよ。

信用を守るためにロックを使う

　たまに会議の途中や休憩時など、パソコン画面を開いたまま離席する人がいます。中には「アカウント情報」や「人事情報」など、取り扱いに注意すべき情報を、誰でものぞける状態のまま放置している人もいます。

皆さんは、そのような人が働く会社に自社の仕事を頼みたいとは思わないですよね？　これは何も公共の場に限ったことではありません。取引先や社内であったとしても好ましい状況ではありません。

とはいえ、席を離れるたびにログオフするのは手間がかかりますし、再度ログオンするのにも時間がとられます。

そこで筆者がお勧めしたいのがコンピューターの「ロック」機能です。「ロック」は「ログオフ」や「休止状態」とは異なり作業内容を中断することなく、画面を単純にロックする機能です。

離席時はパソコンをロックする

「ロック」機能の利用方法はかんたんです。 ■ ＋ Ｌ を押すだけです。復帰もかんたんで Enter を押してログオン画面を表示させ、パスワードを入力して Enter を押すだけです。慣れてしまえばロックも復帰も１〜２秒でできてしまいます。

また、「ロック」はパソコンの動作を止めないため、重要なデータをバックアップ中だったり、メールを一括送信していたり、処理時間がかかるため作業を中断できない状況下でも、大きな効果を発揮することでしょう。

地味な技ではありますが、会議以外でも普段の勤務時間やプレゼンの前後など、ちょっとしたビジネスシーンで取り入れることができれば、周囲に情報管理のしっかりした好印象を与えられるはずです。

会議中の離席時にはコンピューターのロックを忘れずに

作業画面

機密情報を扱う作業途中や処理時間のかかる作業途中の離席時は特に

ロック画面 　　**ロック解除**

16:35
3月27日 水曜日

岡田 充弘
パスワード

Section 75 **PowerPoint スマートプレゼン術**

話し手とスライド 聴衆の視線を巧みに誘導して スマートにプレゼンする

1〜5分
SPEED UP

先日、初めてPowerPointのスライドショーを使ったんですが、どうもしっくりこないんですよね。

スライドショーって、実は、発表者に役立ついろいろな仕掛けがあるんだよ。

えっ、経過時間まで話ながら確認できるんですか？ブラックアウトも、すぐに役立ちそうですね！

基本機能だけでも話しながら使えたら、すごくスマートなプレゼンターになれると思うよ。

スライドショーの厳選便利機能

プレゼンアプリとして有名なPowerPoint。プレゼン時は F5 でスライドショーモードにするのは、もはや基本中の基本だと思います。実はこのスライドショー、登壇者にとってうれしい機能がいくつも備わっています。

ブラックアウトで視線を集める

スライドショーの状態で B キーを押すと、画面がブラックアウト（真っ黒の状態）します。この技は、プレゼン前にネタバレしないよう一時的に画面を真っ黒にしておくために使います。また、プレゼントの途中で、スライドから登壇者へ、聴衆の視線を導く目的にも使えます。ブラックアウトから通常の状態に復帰するには、再び B を押します。

ヘルプでショートカットキーを極める

スライドショーの状態で Shift + ? を押すとショートカットキーが記載されたヘルプが開きます。こまめに表示させて、学習用途に使うといいでしょう。

発表者ツールで万全を期す

プレゼン時に最も役に立つのが「発表者ツール」という機能です。これはスライドショーの状態で、視聴者が見る投影画面とは別に、発表者が手元のパソコン上で経過時間や次のスライド、ノート情報などを参照できる機能です

はじめにリボンの「スライドショー」タブの「発表者ツールを使用する」にチェックが入っていることを確認します。次に、スライドショーの状態から画面下一番右の「その他のスライドショーオプション」ボタンをクリックし、「発表者ツールを表示」を選択すればツールが開きます。

これらは、PowerPoint でプレゼンする際の基本的な段取り技として、ぜひ覚えておいてくださいね。

270

スライドショーを使ってスマートにプレゼンする①

編集画面
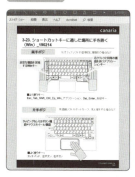

ヘルプ

スライドショー
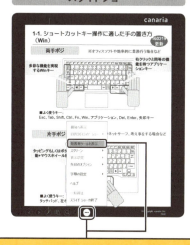

「その他のスライドショーオプション」ボタンをクリックし、「発表者ツールを表示」を選択

第5章 会議・プレゼン術 デジタル活用でもっと伝わる！

スライドショーを使ってスマートにプレゼンする②

発表者ツール

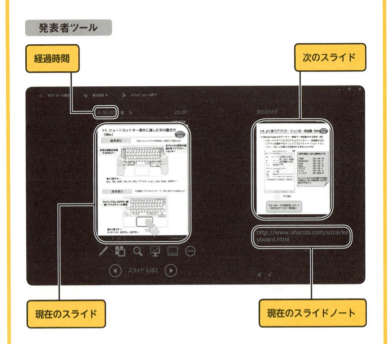

- 経過時間
- 次のスライド
- 現在のスライド
- 現在のスライドノート

発表者ツール利用前の前提（リボンメニュー）

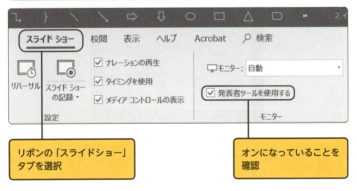

- リボンの「スライドショー」タブを選択
- オンになっていることを確認

Section **PowerPoint スマートプレゼン術**

76 スライドショーと手書きを織り交ぜて臨場感あふれる演出をする

1～5分
SPEED UP

ホワイトボードとちがって、PowerPointは手書きで資料に書き込みできないのが不便ですよね。

いやいや。スライドショーの状態でも、手書きでペン入れできるよ。Ctrl + P を押してごらん。

本当だ。ペンのほかにもいろいろ使えそうですね。まるで本物のホワイトボードみたいです。

特に、書き込みを消せる「消しゴム機能」は、ホワイトボードよりラクかもしれないね。

パワポプレゼンで臨場感を演出

　プレゼンのやり方は人それぞれです。PowerPointのようなプレゼンアプリを使ってする人もいれば、ホワイトボードを使ってペンでバンバン叩きながら気迫あふれるスピーチをする人もいるでしょう。

ホワイトボードを使ったプレゼンの利点は、強調したい箇所にアンダーラインを入れたり、赤丸で囲んだりといった、ライブならではの臨場感を演出できるところではないでしょうか。

　一方で PowerPoint の利点としては、デジタルで作られた資料なので、当然ながら見やすいですし、事前にページを準備できるところは明らかなメリットです。ただし、プレゼン時に手書きを加えて説明箇所を強調するのはどうでしょう？　なんとなくできないイメージがありますよね？　いいえ、実はそれ PowerPoint でもできるのです。

　ここでは、PowerPoint のスライドショーで使える、5つの手書き技を紹介します。

①ペンに変更（ Ctrl ＋ P ）

　スライドショーの状態で Ctrl ＋ P を押すとポインターがペンに変わり、マウスで描けるようになります。なお、ペンの太さや色は変えることができます。プレゼン時に特定箇所をマルで囲んで強調するのに使うといいでしょう。

②蛍光ペンに変更（ Ctrl ＋ I ）

　スライドショーの状態で Ctrl ＋ I を押すとポインターが蛍光ペンに変わり、マウスで線引きできるようになります。なお、ペンの太さや色は変えることができます。プレゼン時に特定文字を線引きして強調するのに使うといいでしょう。

③レーザーポインターに変更（[Ctrl] ＋ [L]）

　スライドショーの状態で [Ctrl] ＋ [L] を押すとポインターが レーザーポインターに変わり、マウスで指し示せるようになり ます。 なお、ペンの太さや色は変えることができます。プレゼン 時に特定箇所に注目を集めるのに使うといいでしょう。

④消しゴムに変更（[Ctrl] ＋ [E]）

　スライドショーの状態で [Ctrl] ＋ [E] を押すとポインターが消 しゴムに変わり、マウスでペンや蛍光ペンで描かれた箇所をク リックするとそれらを綺麗に消すことができます。 実際のホワイトボードとペンを使ったプレゼンのように、必要 のなくなった強調箇所を消して、オリジナルの資料に戻すのに 使います。

⑤スライドへの書き込みを削除（[E]）

　スライドショーの状態で [E] を押すと、ペンや蛍光ペンで描 かれた箇所を一気にすべて消すことができます。 実際のホワイ トボードですべて消そうとすると一手間かかりますので、これ はデジタルならではの利点といえるでしょう。

　いかがでしょうか？　PowerPoint のスライドショーにプラ スアルファを加えることで、一歩進んだより伝わるプレゼンに 近づくはずです。

第5章

会議・プレゼン術

デジタル活用でもっと伝わる！

275

スライドショーで手書きを使ってパワフルに伝える

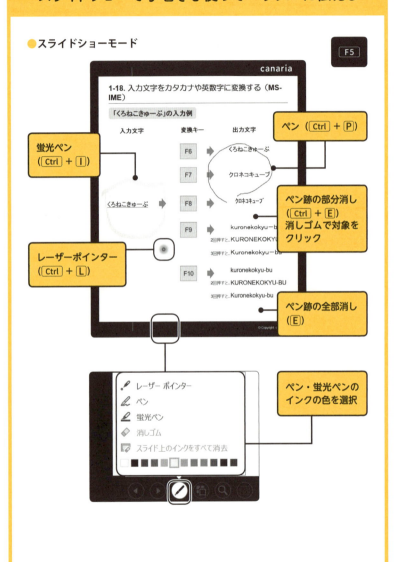

Section **PowerPoint スマートプレゼン術**

77 プレゼン慣れをアピールする！目的のスライドを見せたい大きさで一発表示する

5〜10分 SPEED UP

PowerPointで作ったプレゼン資料って、スライド数が多いと、移動するのが大変ですよね。

ひょっとして、一枚ずつスライドをめくってる？
スライド番号＋ Enter で一気にジャンプできるよ。

こういう機能、ずっと探していたんですよ。
プレゼンの質疑応答のとき、特に役立ちそうですね。

「◯枚目のスライドの〜」と言われて、すぐに表示させられないと格好がつかないよね。

聴衆に安心感を与えよう

　実は筆者も昔、スライド番号を指定して一気に飛べることを知らなくて、1スライドずつめくって目的のスライドまで到達していた時期があります。いま考えると恥ずかしい話ですが、そんなことをしなくても、ここで紹介する技を使えば、一気に目的のスライドまでジャンプできるのです。

スライド番号を指定して表示
（スライド番号→ Enter ）

　スライドショーの状態で目的のスライドの番号を押してから Enter を押すと、そのスライドまで一気にジャンプできます。ちなみに Esc を押せば編集モードに戻るので、そのまま編集作業を行うこともできます。この技はスライド番号を覚えている場合に有効な技で、筆者も多用しています。

「すべてのスライド」から選択して表示（ Ctrl ＋ S ）

　スライドショーの状態で Ctrl ＋ S を押すと、「すべてのスライド」ダイアログが開くので、目的のスライドを選択し「移動」ボタンを押すと、そのスライドまで一気にジャンプできます。この技はスライド番号を覚えていない場合に有効な技です。

スライドの拡大／縮小（ Ctrl ＋ ＋ ／ − ）

　スライド番号の指定表示に加えて覚えておきたいのが、スライドの拡大・縮小です。スライドショーの状態で Ctrl ＋ ＋ を押すと拡大表示、 Ctrl ＋ − を押すと縮小表示します。この技は、ジャンプ先のスライドで文字が読みにくい場合に、拡大・縮小をコントロールできる気の利いた技です。

　これらの技をスマートに扱えると、プレゼン慣れしている印象を相手に与えられ、聴衆に安心感を与えられます。何度も繰り返して体で覚えてしまいましょう。

目的スライドの一発表示と拡大・縮小①

●スライド表示の移動

スライドショーモード `F5`

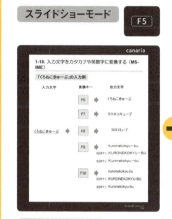

「20」→ `Enter`

「すべてのスライド」ダイアログ `Ctrl`+`S`

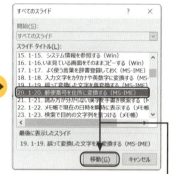

「20」を選択→「移動」

スライド番号：20

第5章　会議・プレゼン術　デジタル活用でもっと伝わる！

279

目的スライドの一発表示と拡大・縮小②

● 表示倍率の変更

拡大表示

等倍表示

縮小表示

第 **6** 章

ＰＣ運用・モニタリング術

パソコンを
老化させない！

買ったときは最速のパソコンでも、使っているうちに
起動までに時間がかかるようになったり、ネットを覧
するのにも一苦労したりする。そう、パソコンも人間
と同じで、普通に使っているだけでは老化してしまう
のです。できるだけ長く働いてもらうために、パソコ
ンを監視・管理する方法を紹介します。

Section **Windows 爆速化テクニック**

78 ゴミデータをデトックス！不要なデータを削除してパソコンをキビキビ動作させる

10〜15分
SPEED UP

パソコン操作には自信がついてきたんですが、最近パソコンの動きがモッサリしてきて調子が悪いんですよ。

メンテナンスしてる？　パソコンも人間と一緒で、不要なものが溜まるとパフォーマンスが落ちるんだよ。

なるほど。「ディスククリーンアップ」に時間がかかりそうなんで、自分もリフレッシュ休憩行きます！

わかった、わかった。（もう、好きにしてくれ！）

パソコンにゴミを溜めない！

　最近パソコンの動きがなんとなくモッサリしてきたなぁと思ったことはありませんか？　パソコンは長年使っていると自然と動きが重くなってきます。これはハードディスクに不要なファイルやアプリのほか、一時ファイルやキャッシュなど、ゴミデータがたまってくるからです。

実はこのゴミを取り除いてやるだけで、頻繁にパソコンを買い換えなくても、キビキビした状態を長く維持できるようになります。

ここでは、筆者がお勧めする「パソコンにゴミを溜めない3つのメンテナンス方法」をご紹介します。

①ディスククリーンアップ

パソコンのハードディスク内の余計なデータを綺麗に削除するための機能が「ディスククリーンアップ」です。この機能を使えば、ゴミ箱ファイルや一時ファイル、キャッシュ、ダウンロードプログラムなどを、一気に削除することができます。

スタート→ PC →ローカルディスク→右クリック→プロパティ→ダイアログ中央の「ディスクのクリーンアップ」→削除するファイル」欄から削除するもの（筆者は通常「OS のドライブを圧縮します」以外は、すべてオンにしています。状況によっては一時的にゴミ箱だけチェックを外すこともあります）をチェックする→「OK」でお掃除完了です。

②ドライブの最適化とデフラグ

次に有効なのが「ドライブの最適化とデフラグ」です。ハードディスクは長く使っていると、断片化と呼ばれる現象を起こしやすくなります。ドライブの最適化を実行すると、データを整理し、動作性能を改善してくれます。

スタート→ PC →ローカルディスク→右クリック→プロパティ→ツールタブ→最適化→「ドライブの最適化」ウィンドウ→ドライブを選択し最適化ボタンを押す、で最適化が開始しま

第**6**章

PC運用・モニタリング術

パソコンを老化させない！

283

します。ちなみにこの「最適化」は、「設定の変更」から定期
実行されるようスケジュール化しておくことも可能です。

　なお、最近のパソコンで使われているSSDでは、ドライブ
の最適化は不要です。むしろSSDの寿命を縮めてしまう可能
性がありますから実行しないでください。

③Tempファイルの削除

　パソコンを使っていると、Tempファイルという一時ファイ
ルがパソコン内部で生成されるのですが、これらは「ディスク
クリーンアップ」でも削除しきれず、パソコンの中に残りま
す。削除するには直接そのフォルダーから削除する必要がある
ため、筆者はフォルダーショートカットを作り、定期的に中に
あるファイルを削除するようにしています。

　筆者が使っているショートカットの名前（ショートカット名
は任意に命名して構いません）とパスは次のとおりです。

ショートカット名	パス
Temp ①	C:¥Users¥（ユーザー名）¥AppData¥Local¥Temp
Temp ②	C:¥Windows¥Temp

　こまめに手入れすることで、トラブルが減り、高いパフォー
マンスを維持できるのは、人の体もパソコンも同じですね。ぜ
ひ定期的なメンテナンスを心がけましょう。

パソコン内のゴミを捨ててキビキビ動くようにする①

●ディスクのクリーンアップ

> スタート→ PC →ローカルディスク
> →右クリック→プロパティ→全般タブ

「OS のドライブを圧縮する」以外にチェックをする

● Temp ①②内のファイル削除

> Temp ①：C:¥Users¥（ユーザー名）¥AppData¥Local¥Temp
> Temp ②：C:¥Windows¥Temp

Temp ①

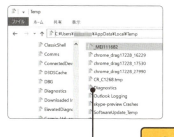

Temp ②

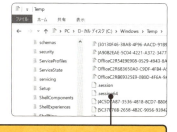

いずれもメンテ用にフォルダーショートカットを作っておき、定期的に中身を削除する

第 6 章　PC運用・モニタリング術　パソコンを老化させない！

285

パソコン内のゴミを捨ててキビキビ動くようにする②

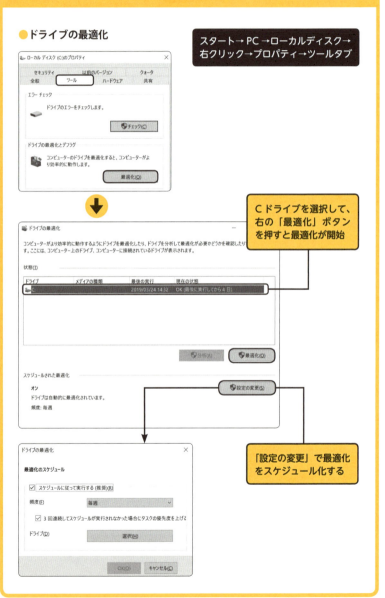

Section **Windows 爆速化テクニック**

79 Windowsの細やかな設定を瞬時に変更・確認する

10〜15分
SPEED UP

パソコンの細かい設定を変更したいとき、いつもどこにあるか迷うんですよね。

細かくカスタマイズできるのがWindowsの良いところ。でも、その分、設定方法がややこしいよね。

設定を確認したり、変更したりするショートカットキーもあるんですか？

そうだね。いくつかあるから、使いながら覚えていくと良いと思うよ。

用途に応じて設定を変えるために

　パソコンは多目的に使われる道具です。そのため、用途に応じて、ちょっとしたチューニングや、カスタマイズが必要になってきます。それらは通常コントロールパネルを使って行われますが、すべてを賄えるわけではありません。

　実際には個別に設定しないといけない機能が無数にあり、そ

れらを覚えるだけでも大変なのです。このあたりが初心者に対して「パソコンは扱い難いもの」というイメージを与える一因になっているのかしれません。Windows 10 では、ショートカットキーで呼び出せる設定方法が追加されていますので、ここで紹介したいと思います。

「設定」画面（■ + I）

「設定」は Windows 10 から搭載された機能です。Windows 8 までの「コントロールパネル」に近い機能がまとめられており、デバイスやアカウントなどの細かい設定が可能です。■ + I で瞬時に呼び出せます。

アドバンスドメニュー（■ + X）

スタートメニューを右クリックしたときに表示されるメニューが表示されます。■ + X で瞬時に呼び出せます。

アクションセンター（■ + A）

無線ネットワークや Bluetooth デバイスの設定など、主にタスクバー周りの機能が収納されており、全体を見渡した上で利用判断することができます。■ + A →「展開」ボタンを選択すると各種の機能が表示され、Tab と ↑↓←→ キーで選択して Enter を押すとオン・オフを切り替えることができます。

すべてキーボード操作で完結できますので、ぜひストレスフリーな Windows ライフを楽しんでもらえたらと思います。

288

一歩進んだ細やかなWindowsの設定を行う

● Windows の設定

テキストの一部を入力すると機能提案される

● アドバンスドメニュー

↑ ↓ キーで選択して、Enter を押して決定

● アクションセンター

Tab でボタンまで移動し、↑ ↓ キーで選択して Enter を押して決定

第6章 PC運用・モニタリング術 パソコンを老化させない！

Section 80

Windows 爆速化テクニック

パソコンの健康診断!
システム情報で OS のバージョンやマシン性能を確認する

1〜5分
SPEED UP

パソコンが不調で、情報システム部に相談したら、スペックを教えてくれと言われました。

ショートカットキーでシステム情報を開いてごらん。すぐに分かるよ。

あ、こんなに古い CPU だったんですね！
どうりで遅いわけだ。

スペックも大事だけど、使う人のスキルはもっと大事だよ。君のスキルアップも期待しているよ。

パソコンの健康状態、把握していますか？

　パソコンの買い換えを検討している時期やサイズが大きいアプリをインストールするときなど、自分がいま使っているパソコンの OS のバージョンや本体性能を確認したいときがあると思います。通常それらを確認するには、クリックを繰り返して該当の画面までたどり着かなければなりません。急な必要に迫

られたときは、一瞬「あれ？　どこだっけ？」と戸惑ってしまうこともあるでしょう。パソコンのいまの状態を知るということは、体重計や血圧計で自分の健康状態を知るようなものです。パソコンの健康寿命を延ばすためにも、手軽な方法で、こまめに調査するほうが好ましいのです。ここでは自分のパソコンの状態を最も手軽に把握できる技を 4 つ紹介します。

①「システム情報」を開く
（ ⊞ ＋ Pause ）

OS のエディションや CPU、メモリ、などが記載されているのが「システム情報」です。⊞ ＋ Pause を押せば、瞬時に「システム情報」のウィンドウが開きます。

この画面を開いた状態で、Tab キーを何度か押し、画面左側のサイドメニューに移動すれば、「デイバイスマネージャー」や「システムの詳細設定」にジャンプすることもできます。

②「コントロールパネル」を開く
（ ⊞ ＋ Pause → Back space ）

パソコン購入後の初期設定やパフォーマンス調整のために利用するのが「コントロールパネル」です。先ほどの「システム情報」から Back space を押せばたどり着くことができます。⊞ ＋ Pause → Back space で覚えておけば、他のどの方法よりも最短でコントロールパネルにたどり着くことができます。コントロールパネルは利用頻度が多いため、無意識で繰り出せるくらいにまで覚えておきましょう。

第 6 章

PC運用・モニタリング術　パソコンを老化させない！

291

③「Windowsのバージョン情報」を開く（「プログラムとファイルの検索」→「winver」）

「システム情報」では「Windows 10 Pro」のような OS のエディションまでしか確認できませんが、次の方法を使えば「バージョン 1803（OS ビルド 17134.112）」のような OS のバージョンまで確認することができます。

スタート→「プログラムとファイルの検索」ボックスに「winver」と入力→ Enter →「Windows のバージョン情報」で確認することができます。

④「インターネット速度テスト」を実施

Google の「インターネット速度テスト」を使うと、現在のネットワーク性能を客観的に把握することができます。

ブラウザーで Google を開く→「インターネット速度テスト」で検索→「速度テストを実行」をクリックすれば OK です。しばらく待つとダウンロードとアップロードのテスト結果が表示されます。大まかにはダウンロードはネットの閲覧に、アップロードは動画など大容量ファイルの投稿に関わってくると思ってください。表示される結果は、場所や時間帯によっても変わります。気になったらその都度テストしてみてください。

こういった効率化に直接関係なさそうな技の習得は後回しにされがちですが、IT トラブルを未然に防ぎ、インフラ更改の適切な時期や内容を検討する上で重要な手がかりになります。ぜひ覚えてください。

システム情報で現在のOSやマシン性能を確認する

●システム情報

●コントロールパネル

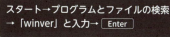

●Windows のバージョン情報

スタート→プログラムとファイルの検索→「winver」と入力→ Enter

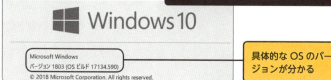

具体的な OS のバージョンが分かる

●インターネット速度テスト

Google で「インターネット速度テスト」で検索→「速度テストを実行」をクリック

おわりに

　私が前著『仕事が速い人ほどマウスを使わない！超速パソコン仕事術』（かんき出版）を上梓したのは、およそ3年前の2016年5月のことでした。当時、Windows 8.1とOffice 2016が最新バージョンでしたが、私はショートカットキーの使いやすさから、一世代前のWindows 7を愛用していました。そのような事情から、Windows 7の利用者がWindows 8.1に切り替えても支障なく使える実践書を作りたいと思い、Office 2010とWindows 8.1に対応した前著をしたためたのです。前著は幸いにも多くの方々に手に取っていただき、たくさんの類似書が出版されました。類似書の多くはテクニカルライターさん、著述業の方々、あるいは研修講師の方々によって書かれたものでしたが、私は、経営・ビジネスの第一線に立つ身として、類似書とは異なる想いを胸に執筆を進めたと思っています。

　その想いとは、安心材料としての網羅的な知識ではなく、置かれた状況下で形勢逆転を可能にする「生存戦略」として世に出すことです。そして、その想いを再びカタチにしたのが、本書『爆速パソコン仕事術』です。

　本書『爆速パソコン仕事術』は、Office 2016とWindows 10の組み合わせで執筆しました。執筆開始まで、私は相変わらずWindows 7を愛用していましたが、2020年1月に迫ったサポート切れへの移行準備を兼ね、Windows 10と本気で向き合いました。Open-Shell-Menuという新しい武器を手に入れたこともあり、Windows 10の印象はWindows 8.1のときと大きく変わりませんでしたが、音声アシスタントのCortana（コルタナ）など便利な

機能が加わったのと、タッチ操作への対応を考慮したユーザーインターフェイスの刷新などから、Microsoft 社の製品戦略に一定の方向性を感じました。

しかし、パソコンはあくまで仕事道具です。主役はパソコンではなく、使い手である皆さんです。私は「すべての機能を使う必要はなく、網羅的に機能を習得することに意味はない」と考えています。パソコンは使い手の知性と創造性を拡張する最高の道具であり、使い手の価値を最大化することが、その利用目的です。そのため、本書ではあえて取り上げていない機能があります。逆に「地味な技」をていねいに説明している場合もあります。こうした技のチョイスにこそ、私が提唱するパソコン仕事術の哲学のすべてが詰まっているのです。

実は私自身、何かの才能に恵まれたわけでも、特定の分野で人より秀でていたわけでもありません。しかし「これは価値がある」と思ったパソコン仕事術をコツコツと磨いてきたことで、さまざまな局面で実力以上の結果を得ることができ、多くのピンチを切り抜けてくることができました。そういう意味では、実践検証済の技として、自信をもってこのパソコン仕事術をお勧めすることができます。

本書があなたの道標となり、仕事や人生に好循環をもたらすきっかけになってくれれば、これ以上喜ばしいことはありません。偶然にも本日が平成最後の日となりましたが、あなたのお手元に届く頃には新元号へと変わっているのでしょうか。

気持ち新たに、私とともに自らの変化を楽しんでいきましょう。日々精進。

2019 年 6 月　岡田 充弘

装丁	植竹 裕（UeDESIGN）
本文イラスト	平野 崇（ひらのんさ）
本文デザイン	クオルデザイン 坂本 真一郎
本文組版	小枝 祐基

爆速パソコン仕事術

2019年7月22日　初版第1刷発行
2019年7月30日　初版第2刷発行

著　　者	岡田 充弘
発行人	片柳 秀夫
編集人	三浦 聡
発行所	ソシム株式会社
	http://www.socym.co.jp/
	〒101-0064
	東京都千代田区神田猿楽町1-5-15 猿楽町SSビル
	TEL：03-5217-2400（代表）
	FAX：03-5217-2420

印刷・製本　株式会社暁印刷

定価はカバーに表示してあります。落丁・乱丁は弊社編集部までお送りください。
送料弊社負担にてお取り替えいたします。

ISBN978-4-8026-1214-2 Printed in Japan
Copyright ©2019 Mitsuhiro Okada